龙芯之光

自主可控处理器设计解析

余 菲◎主 编

刘永新 温 泉 蔡致立◎副主编

人民邮电出版社

北 京

图书在版编目（CIP）数据

龙芯之光：自主可控处理器设计解析 / 余菲主编.

北京：人民邮电出版社, 2025. -- (中国自主基础软件

技术与应用丛书). -- ISBN 978-7-115-67646-7

I. TP332

中国国家版本馆 CIP 数据核字第 2025XC5693 号

内 容 提 要

本书基于 LoongArch 讲解 SoC（System on Chip，单片系统）逻辑设计、逻辑综合、可测试性设计、物理设计和签核等。本书既有理论知识的拆解，又有具体设计实践的操作，对读者掌握处理器的设计很有帮助。

本书适合本科院校和高职院校集成电路专业的师生阅读，也可作为芯片工程师的参考书。

◆ 主　编　余　菲
　　副主编　刘永新　温　泉　蔡致立
　　责任编辑　谢晓芳
　　责任印制　陈　犇

◆ 人民邮电出版社出版发行　　北京市丰台区成寿寺路 11 号
　　邮编　100164　　电子邮件　315@ptpress.com.cn
　　网址　https://www.ptpress.com.cn
　　涿州市京南印刷厂印刷

◆ 开本：787×1092　1/16
　　印张：10.25　　　　　2025 年 10 月第 1 版
　　字数：241 千字　　　2025 年 10 月河北第 1 次印刷

定价：59.80 元

读者服务热线：(010)81055410　印装质量热线：(010)81055316
反盗版热线：(010)81055315

推 荐 序

改革开放以来，我国信息产业主要建立在西方主导的两个信息技术体系之上。一个是 x86 体系，主要代表是 Intel 的 CPU 和微软的操作系统组合；另一个是 ARM 体系，主要代表是 ARM 的 CPU 和 Android 操作系统的组合。我国信息产业的根本出路是摆脱传统生产力的发展路径，构建独立于 x86 架构和 ARM 架构的新型信息技术体系与产业生态。其中，人才生态是自主信息技术体系和产业生态的根本。在我国的信息化教育中，应培养中小学生从 Windows 平台转移到国产教育平台。高职院校计算机专业主要基于国外技术平台教学生如何"用"计算机，不教学生怎么造计算机。这一现象也应该改变，培养计算机专业学生的立足点应该从如何"用计算机"向如何"造计算机"转移。

深圳职业技术大学的师生基于"百芯计划"开发的丽湖霸下 BX2400 SoC 正是上述理念的生动写照。作为龙芯中科技术股份有限公司向中国高校开放的 LoongArch（龙芯架构）芯片实现资料的首批实践成果，丽湖霸下 BX2400 的诞生不仅展现了教学投片的技术可行性，还印证了产学研协同创新的巨大潜力。近年来，国内百余所高校基于 LoongArch 开展教学实践，从指令集理论到投片验证的全流程探索，让芯片设计从实验室走向产业的需求场景。这标志着中国集成电路教育正从"跟随式学习"迈向"自主创新培养"的新阶段。

本书基于 LoongArch 探讨芯片设计过程，对我国自主信息技术体系和产业生态建设的人才培养具有重要意义。本书以"全流程工程实践"为主线，系统梳理了 LoongArch SoC 设计的完整技术路径。

本书具有如下特色。

- 在架构方面，深度剖析 LoongArch 指令集的底层逻辑与特权机制。
- 在工具链方面，基于龙芯中科技术股份有限公司开发的 IP 核、工艺库及验证平台，提供标准化工程模板。
- 在案例方面，以丽湖霸下 BX2400 的时序收敛为切入点，演示教学资源约束下的投片实现。

本书在如下方面不断融合。

- 理论与实践：提供原理阐述与代码实现，同步提供测试向量与验证环境。
- 基础与进阶：覆盖指令集基础到时钟树综合、寄生参数提取等高阶内容。
- 自主与开放：以 LoongArch 为核心，兼容主流 EDA 工具链，满足多样化教学需求。

本书基于工业级流程进行讲述，可确保教学成果与产业需求无缝衔接；通过模块化案例拆分与标准化约束模板，降低实践门槛，提升工程训练效率。

本书聚焦"可落地、可复用、可扩展"的教学目标。通过系统学习本书，读者将掌握：

- LoongArch 指令集的硬件实现方法；
- 基于标准单元库的 SoC 设计全流程；
- 工业级 EDA 工具链的协同使用方法；
- 芯片开发中的关键工程优化技巧。

期待本书能成为高校师生探索自主芯片设计的实用指南,助力更多青年学子在真实工程场景中成长，为中国集成电路行业的人才储备与技术突破持续注入动能。

胡伟武

2025 年 3 月 14 日

前　　言

在信息技术飞速发展的当下，自主可控的指令集架构成为保障信息安全的关键。LoongArch是龙芯中科技术股份有限公司完全自主研发的成果，从顶层规划到指令编码，均实现了独立设计，不依赖 x86、ARM 等传统架构。2021 年，LoongArch 下的中断模型被纳入 ACPI（Advanced Configuration and Power Interface，高级配置和电源接口）规范，LoongArch 成为继 x86、ARM 之后，第三种获得国际标准支持的 CPU 架构。这种架构融合了 x86 和 ARM 的主要特性，支持龙芯二进制翻译（Loongson Binary Translation，LBT）扩展，能够高效兼容二者的应用生态。这不仅可降低迁移成本，还不用支付架构授权费用，从源头保障信息安全，尤其适用于政务和能源等关键领域。

基于 LoongArch 的处理器已在电子政务、工业自动化等领域大量替代传统 x86、ARM 芯片，展现了其在实际应用中的强大潜力。

本书以基于 LoongArch CPU 内核的芯片设计为核心内容，通过丽湖霸下 BX2400 的开发过程，全面解析 SoC 设计的全过程。内容涵盖 LoongArch 的 SoC 逻辑设计、逻辑综合、可测试性设计、物理设计和签核，展现 SoC 从概念到投片的全过程。

目前，国内针对大规模数字集成电路设计的教材相对较少，本书具有较高的出版价值。

在学习本书之前，读者需要具备一定的基础，包括数字逻辑与数字电路基础、集成电路设计基本方法和流程的基础，以及 Verilog 语言和可编程逻辑器件设计的基础。在本书中，CPU 内核的设计采用了龙芯中科技术股份有限公司的 IP（Intellectual Property，知识产权），读者需要得到龙芯中科技术股份有限公司的授权才能使用该 IP 进行投片。

本书由深圳职业技术大学、龙芯中科技术股份有限公司和深圳芯火平台共同策划，由余菲担任主编，规划本书的整体结构，并审阅全书；由刘永新、温泉和蔡致立担任副主编，邀请高校教师、行业工程师共同对内容进行汇编、整理，并完成相关实践操作。希望本书能为集成电路设计领域的工程师、研究人员及相关专业师生提供参考，助力我国自主可控集成电路技术的发展与人才培养。

由于作者水平有限，书中难免存在不足之处，恳请读者批评指正。

作者
2025 年 3 月 1 日

目　录

第1章 概　　述

系统级芯片

LoongArch 是我国自主研发的核心技术，打破了国外技术（如 ARM 和 x86）的垄断，实现了真正的本土研发和制造。LoongArch 是在中国科学院计算技术研究所的支持下研发的，具有自主性、可定制性和良好的兼容性，能够满足国产芯片在高性能计算、嵌入式系统和工业控制等领域的需求。龙芯的独立指令集架构降低了我国对外国技术的依赖性，确保了国内的信息安全，避免了受限于外部技术的"卡脖子"问题。这对我国发展自主产业链和提高信息安全水平具有重要的意义。

单片系统（System on Chip，SoC）也称片上系统，指一个有专用目标的集成电路。其中包含完整的系统并嵌入软件的全部内容。同时，它也是一种技术，用于实现从确定系统功能开始到软硬件划分，再到完成设计的整个过程。根据中央处理器的复杂程度，通常有微控制器（Microcontroller Unit，MCU）/嵌入式处理器、移动处理器、通用处理器等类型。SoC 包括中央处理器（Central Processing Unit，CPU）、总线、内存、定时器、外围接口等。

1.1.1　CPU

中央处理器是 SoC 负责读取指令、对指令译码并执行指令的核心部件。CPU 的功能主要为处理指令、执行操作、控制时间、处理数据。在微处理器体系结构中，CPU 是对微处理器的所有硬件资源进行控制、执行通用运算的核心硬件单元。微处理器系统中所有软件层的操作最终将通过指令集映射到 CPU 的操作。

对于 CPU 而言，影响性能的指标主要有 CPU 主频、CPU 位宽、CPU 缓存和 CPU 内核数等。CPU 主频是指 CPU 的时钟频率，它直接决定了 CPU 的性能。CPU 位宽指处理器一次能够处理的数据位数。通常情况下，CPU 的位宽越高，CPU 的运算速度就会越快。CPU 缓存是在 CPU 内部用于存储指令和数据的存储空间。CPU 内核数决定单位时间内 CPU 并行处理任务的能力。

通常来讲，CPU 在结构上大致分为运算器、控制器和高速缓存等。

1. 运算器

运算器是负责执行各种算术计算和逻辑操作的部件。运算器包括算术逻辑部件（Arithmetic and

Logic Unit，ALU）、移位部件、浮点处理单元（Floating-Point Processing Unit，FPU）、向量运算部件、寄存器等。其中，复杂运算（如乘、除、开方及浮点运算）可用程序实现或由运算器实现。寄存器既可用于保存数据，也可用于保存地址。运算器还可用于设置条件码寄存器等专用寄存器。条件码寄存器用于保存当前运算结果的状态，如运算结果是正数、负数还是零，是否溢出等。

运算器经历了从简单到复杂的过程。最初的运算器只能完成简单的定点加减和基本逻辑运算，复杂运算（如乘、除）通过加减、移位指令构成的数学库完成；后来出现了硬件定点乘法器和除法器。在早期的微处理器中，浮点运算器以协处理器（如 Intel 8087 协处理器）的形式出现在计算机中，可以完成二进制浮点数的加、减、乘、除等运算，现代的通用微处理器则普遍包含完整的浮点运算部件。从 20 世纪 90 年代开始，微处理器中出现了单指令流多数据流（Single-Instruction Stream Multiple-Data Stream，SIMD）的向量运算器，部分处理器还实现了超越函数的硬件运算单元，支持正弦、余弦、指数和对数的计算。部分用于处理银行业务的计算机（如 IBM Power 系列）还实现了十进制定点数、浮点数的运算器。

随着晶体管集成度的不断提升，CPU 中集成的运算器的数量持续增加。通常将具有相近属性的一类运算器组织在一起，构成一个运算单元。不同的 CPU 有不同的运算单元。有的 CPU 中，每个单元大而全；有的 CPU 中，每个单元的功能相对单一。CPU 中包含的运算单元数量也从早期的单个逐渐增加到多个。由于运算单元都需要从寄存器中读取操作数，并把结果写回寄存器，因此 CPU 中运算单元的个数主要受限于寄存器堆的读写端口个数。运算单元一般按照定点、浮点、访存、向量等类型组织，也有混合的，如 SIMD 部件既能完成定点运算也能完成浮点运算，定点部件也可以完成访存地址计算等。

2. 控制器

控制器是 CPU 中控制指令执行的核心部件。它规定指令的执行顺序，生成控制指令，控制运算器、存储器和其他部件的运行，并负责处理紧急情况产生的中断。控制器包含程序计数器和指令寄存器等。程序计数器存放当前执行的指令的地址，指令寄存器存放当前正在执行的指令。指令通过译码产生控制信号，用于控制运算器、存储器、I/O 设备的工作以及后续指令的获取。为了获得高指令吞吐率，可以采用指令重叠执行的流水线技术，以及同时执行多条指令的超标量技术。当遇到执行时间较长或不具备条件的指令时，提前执行具备条件的后续指令（称为乱序执行）可以提高流水线效率。控制器还产生一定频率的时钟脉冲，用于计算机各组成部分的同步。

由于控制器和运算器紧密耦合，因此通常把控制器和运算器集成在一起，称为中央处理器，即 CPU。随着芯片集成度的不断提高，除了控制器和运算器外，现代 CPU 常常还集成了其他部件，如高速缓存（cache）部件、内存控制器等。

计算机执行指令的一般过程如下。

从存储器取指令并对取回的指令进行译码，从存储器或寄存器读取执行指令所需要的操作数，执行指令，把执行结果写回存储器或寄存器。上述过程称为一个指令周期。计算机不断重复指令周期，直到完成程序的执行。关于体系结构的一个永恒主题就是不断缩短上述指令周期，从而提高计算机运行程序的效率。控制器对提高指令执行效率起着至关重要的作用。

现代 CPU 的控制器都通过指令流水线技术提高指令执行效率。指令流水线把一条指令的执行划分为若干阶段（如取指、译码、执行、访存、写回阶段）来减轻每个时钟周期的工作量，从而提高主频；同时允许多条指令的不同阶段重叠执行，以实现并行处理（如一条指令处于执行阶段，另一条指令处于译码阶段）。虽然同一条指令的执行时间没有变短，但是 CPU 在单位时间内执行的指令数增加了。

计算机中的取指部件、运算部件、访存部件都在流水线的调度下执行指令规定的具体操作。运算部件的个数和延时，访存部件的存储层次、容量和带宽，以及取指部件的转移猜测算法等是决定微架构性能的重要因素。

3. 高速缓存

高速缓存是一种在主存储器和 CPU 之间，对程序员透明的快速小容量存储器，可用于提高存储器的有效传输率。高速缓存的主要作用是减少 CPU 访问内存的次数，从而提高系统的整体性能。高速缓存根据存储需求和性能优化目标分为指令高速缓存（Instruction Cache，I-Cache）和数据高速缓存（Data Cache，D-Cache），这是两种不同类型的高速缓存。

指令高速缓存主要用于存储程序指令，即 CPU 执行的操作代码。当一个程序运行时，它的指令需要被频繁访问，而直接从主存（内存或磁盘）中读取这些指令会非常慢。为了提高执行速度，CPU 会将这些被频繁访问的指令存储在指令高速缓存中。

指令高速缓存的特点如下。

- 采用顺序访问模式，因为程序通常按顺序执行指令。
- 容量较小，因为指令通常是固定的，不像数据那样多变。
- 当程序改变（例如，通过编译或在运行过程中修改）时，需要刷新或替换指令高速缓存中的内容。
- 数据高速缓存主要用于存储程序运行中需要频繁访问的数据。与指令高速缓存不同，数据高速缓存中的数据是可变的，并且经常根据程序的需要进行读写操作。

数据高速缓存的特点如下。

- 采用随机访问模式，因为程序可能会根据需要读取或写入任何数据。
- 容量通常比指令高速缓存的容量大（因为数据的多样性）。
- 当修改数据时，数据高速缓存需要相应地更新这些数据，以保证 CPU 操作的正确性。

在多核处理器中，保持指令高速缓存和数据高速缓存的一致性是一个挑战。例如，当一个内核修改了数据时，其他内核需要知道这个修改以确保它们读取的数据是最新的。这通常通过高速缓存一致性协议实现，确保所有内核看到的高速缓存状态是一致的。在现代计算机体系结构中，除了 L1 高速缓存、L2 高速缓存和 L3 高速缓存外，还有更高级的高速缓存策略和设计，如用于加速虚拟地址到物理地址转换的变换先行缓冲器（Translation Lookahead Buffer，TLB）。

指令高速缓存和数据高速缓存是互补的，各自优化不同类型的访问模式。了解它们的区别与作用对于深入理解计算机体系结构和优化程序性能至关重要。通过合理配置和使用这些高速缓存，可以显著提高系统的整体性能。

1.1.2 总线

CPU 内部包含的多个部件往往是由不同的公司生产的。为了让这些部件组合在一起后可以正常工作，必须制定一套大家共同遵守的规格和协议，这就是总线（或者接口）。总线是嵌入式系统中各种功能部件（运算器、控制器、内存等）之间传送信息的公共通信干线，它由总线控制器和导线组成。总线从源部件传送信息到一个或多个目的部件，导线连接一个源部件与一个或多个目的部件。总线控制线路负责对信息进行选择判优、分开发送，避免多个部件同时发送信息的矛盾，对传送的信息进行定时，防止信息丢失等。

按照功能，总线可以分为数据总线、地址总线和控制总线。它们分别用来传输数据、地址和控制信号。

按照总线的传输格式，总线可以分为串行总线和并行总线。它们分别用来串行、并行地传输数据。

按照时序控制方式，总线可以分为同步总线和异步总线。同步总线所连接的各部件使用同一个时钟，在规定的时钟节拍进行规定的总线操作来完成部件之间的信息交换。异步总线所连接的各部件没有统一的时钟，部件之间通过信号握手的方式进行，总线的操作时序不固定。

按照功能，总线可以分为片内总线、系统总线、通信总线等。片内总线指 CPU 内部的总线，它是 CPU 内部控制器、运算逻辑单元、寄存器等模块之间的公共连接线。系统总线指 CPU、主存、I/O 等大部件之间的信息传输线，它把这些部件连接起来从而构成计算机或嵌入式系统。通信总线用于计算机或嵌入式系统之间或者计算机或嵌入式系统与其他系统之间的信息传送，通信总线也称为外部总线。

ARM 公司为高性能嵌入式系统定义了高级微控制器总线架构（Advanced Microcontroller Bus Architecture，AMBA）片上总线协议。这个协议定义了一系列系统总线协议，如高级高性能总线（Advanced High-Performance Bus，AHB）协议、高级外围总线（Advanced Peripheral Bus，APB）协议、高级可扩展接口（Advanced eXtensible Interface，AXI）协议、AXI 一致性扩展（AXI Coherency Extension，ACE）协议、高级系统总线（Advanced System Bus，ASB）协议。

1.1.3 内存

内存的读写速度对计算机整体的性能影响重大。为了提升 CPU 的访存性能，现代通用 CPU 都将内存控制器与 CPU 集成在同一芯片内，以降低平均访存延时。内存一般采用同步动态随机存储器（Synchronous Dynamic Random Access Memory，SDRAM）实现。SDRAM 是一种与 CPU 内核同步的动态随机存储器（Dynamic Random Access Memory，DRAM）。这种同步随机存储器比传统的 DRAM 能够更高效地运行。SDRAM 可以用突发的方式传输数据序列，提高访问连续内存地址的效率。

DRAM 的基本存储单元由一个金属-氧化物-半导体场效应晶体管（Metal-Oxide-Semiconductor Field-Effect Transistor，MOSFET）和一个电容组成。这种结构的设计充分利用了电容能够存储电荷的特性，以及 MOSFET 作为开关控制电荷存取的能力。

作为开关元件，MOSFET 在 DRAM 中负责控制对电容的充放电操作。当 MOSFET 导通时，允许电流通过，从而改变电容上的电荷量；当 MOSFET 截止时，切断电流，保持电容上的电荷状态不变。

作为存储元件，电容用于存储代表数据位（0 或 1）的电荷。若电容中有电荷，代表"1"；若没有电荷，代表"0"。然而，由于电容存在漏电现象，电容上的电荷会随时间逐渐流失，因此 DRAM 需要定期刷新以维持数据的正确性。

1.1.4 定时器

定时器在计算机系统的运行和控制中发挥着至关重要的作用。其本质是使用精准的时钟，通过硬件实现定时功能。定时器的核心是计数器。

在一般的 CPU 中，定时器可分为常规定时器、专用定时器和内核定时器等。常规定时器主要完成基本定时、通用定时和高级定时等功能；专用定时器为独立看门狗、窗口看门狗、实时时钟、低功耗定时器等实现专用的定时功能；内核定时器用于为内核系统定时。

1.1.5 介质访问控制器

介质访问控制器是一个重要组件，负责协调各种通信介质（如以太网、WiFi 等）和管理数据传输，在微处理器中的作用主要体现在数据链路层。介质访问控制器的主要职责如下。

- 数据封装和解封装：介质访问控制器负责将上层数据封装成帧，包括添加目标 MAC（Medium Access Control，介质访问控制）地址、源 MAC 地址和数据包类型等信息。当接收到数据帧时，它会进行解封装，提取出上层需要的数据。
- 帧同步和错误检测：介质访问控制器在发送数据前会进行循环冗余校验，确保数据的完整性。在接收数据时，也会进行循环冗余校验，如果校验失败，则会丢弃该帧。
- 地址处理：介质访问控制器处理源 MAC 地址和目标 MAC 地址，确保数据包能够正确发送到目标设备。
- 流量控制：对流量进行控制，确保网络中的数据传输不会过于拥挤，维持网络的稳定运行。

介质访问控制器一般用在以太网接口，与 CPU、介质访问控制器和物理层接口共同组成以太网电路接口。介质访问控制器与物理层之间的交互是通过媒体独立接口（Media Independent Interface，MII）或精简媒体独立接口（Reduced Media Independent Interface，RMII）进行的。介质访问控制器通过这些接口与物理层通信，实现数据的发送和接收。物理层定义了数据传送与接收所需要的电信号、光信号、线路状态、时钟基准、数据编码和电路等，并向数据链路层的设备提供标准接口。物理层主要负责将数字信号转换为适合在物理介质上传输的电信号或光信号，并进行信号的放大、整形等处理，同时在接收端将物理介质上的信号转换为数字信号。

1.1.6 DMA 控制器

如果在存储和 I/O 设备之间开辟一条数据通道，专门用于数据传输，就可以将处理器从数据搬运中解放出来。这种方式就是直接存储器访问（Direct Memory Access，DMA）方式。DMA 方式在存储器和外围设备之间开辟直接的数据传送通道，数据传送由专门的硬件来控制。控制 DMA 数据传送的硬件被称为 DMA 控制器。使用 DMA 方式进行传输的一般过程如下。

（1）CPU 为 DMA 请求预先分配一段地址空间。

（2）CPU 设置 DMA 控制器的参数。这些参数包括设备标识、数据传送的方向、内存中用于数据传送的源地址或目标地址、传输的字节数量等。

（3）DMA 控制器进行数据传输。DMA 控制器发起对内存和设备的读写操作，控制数据传输。DMA 传输相当于用 I/O 设备直接读写内存。

（4）DMA 控制器向 CPU 发起一个中断，通知 CPU 数据传送的结果，包括成功或者失败及错误信息等。

（5）CPU 处理完本次 DMA 请求，可以开始处理新的 DMA 请求。

DMA 方式对于存在大量数据传输的高速设备是一个很好的选择。硬盘、网络设备、显示设备等普遍采用 DMA 方式。DMA 控制器的功能可以很简单，也可以很复杂。例如，DMA 控制器可以仅支持对一段连续地址空间的读写，也可以支持对多段地址空间的读写以及执行其他的 I/O 操作。不同的 I/O 设备的 DMA 方式各不相同，因此现代的 I/O 设备大多会实现专用的 DMA 控制器，用于自身的数据传输。一个计算机系统中通常包含多个 DMA 控制器，如特定设备专用的串行高级技术总线附属（Serial Advanced Technology Attachment，SATA）接口 DMA 控制器、USB 接口 DMA 控制器等，以及通用的 DMA 控制器（用于可编程的源地址与目标地址之间的数据传输）。

1.1.7　外围接口

外围接口是（也称为外围设备接口和外部接口）SoC 的重要组成部分，起到信息传输和存储的作用。外围接口一般包含外围控制器和接口电路。外围控制器负责接口协议的实现，接口电路完成与外围设备的互连。下面介绍 SoC 的常用外围接口。

1. UART 接口

通用异步接收发送设备（Universal Asynchronous Receiver/Transmitter，UART）接口是一种常用的串行通信接口，主要用于异步通信。UART 接口通过供电线（VCC）、地线（GND）、数据发送（TX）端口和数据接收（RX）端口实现通信。其中，GND 连接保证两设备共地，TX 端口连接 RX 端口，实现数据传输。

在串行通信中，数据通过一条线路或一根导线逐位传输。在双向通信中，使用两根导线进行连续的串行数据传输。

根据应用和系统要求，串行通信需要的电路和导线较少，可降低实现成本。

UART 接口基于异步串行通信。发送端将数据写入移位寄存器，然后发送数据帧，数据帧由起始位、数据位、奇偶校验位和停止位组成。接收端通过内部时钟信号控制，在每个时钟脉冲采样接收到的信号状态。UART 使用缓冲区存储接收的数据，并向 CPU 报告新数据的可用性。

2. SDIO 接口

安全数字输入输出（Secure Digital Input/Output，SDIO）接口是一种基于 SD 卡技术的扩展接口标准，其本质是对原有安全数字（Secure Digital，SD）存储标准的扩展，主要用于实现设备间的高效数据传输和多功能外围设备连接。

传统 SD 接口仅用于存储卡的读写，而 SDIO 接口在物理兼容 SD 卡插槽的基础上，增加了对输入输出设备的支持，允许设备通过同一接口实现数据传输与功能扩展。SDIO 接口兼容之前的 SD 卡协议，定义了多种命令（如 CMD5、CMD52、CMD53）来支持 SDIO 卡的使用。

SDIO 设备通常被划分为多个功能单元，每个功能单元可被看作一个独立的外围设备，具有自己的寄存器和配置选项，主机可以通过发送特定的命令来选择和控制不同的功能单元，实现多样化的功能扩展。

3. I2C 总线接口

I2C（Inter-Integrated Circuit，集成电路间）总线是由 Philips 公司开发的一种双向二线制同步串行总线。I2C 是由串行数据线（Serial Data Line，SDA）和串行时钟线（Serial Clock Line，SCL）构成的串行总线，可发送和接收数据，用于实现两个器件之间的数据传输。

I2C 总线基于主-从架构。主设备负责启动数据传输并产生时钟信号，从设备则根据主设备的指令进行数据的发送或接收。数据传输的方向取决于当前的数据传送方向，主设备可以发送数据给从设备，也可以接收从设备发送的数据。在这种模式下，主设备负责产生时钟信号并控制数据的传输过程。

I2C 总线接口主要用于芯片间的通信。

4. PWM 接口

PWM（Pulse Width Modulation，脉宽调制）的基本原理是通过改变信号的占空比来调节输出信号的有效功率。PWM 接口是一种通过调节信号的脉冲宽度来控制功率传递的技术。它被广泛应用于各种电子设备，尤其是在电动机控制、亮度调节、音频输出、信号处理等方面。

5. SPI

串行外围接口（Serial Peripheral Interface，SPI）是一种广泛使用的同步串行通信协议接口，主要用于微控制器和各种外围设备之间的数据传输。SPI 的作用如下。

- 同步数据传输：支持主设备和从设备之间的同步数据传输。
- 高速通信：相对于其他串行通信协议（如 I2C），SPI 提供更高的数据传输速率，适用于高速数据交换场景。
- 多设备连接：通过使用多个片选信号，SPI 总线可以连接多个从设备。

SPI 一般用作传感器接口、存储设备接口、显示屏接口和音频设备接口。SPI 模块在嵌入式系统和电子产品中有广泛的应用，其高速和灵活的特点使其成为许多实时数据传输场景的首选。

6. GPIO 接口

通用输入输出（General-Purpose Input/Output，GPIO）接口广泛用于微控制器、嵌入式系统，用于与外围设备进行通信，通过引脚提供数字输入、数字输出、模拟输入、模拟输出等功能。

7. USB 接口

通用串行总线（Universal Serial Bus，USB）是一种连接计算机和外围设备的串口总线标准，也是一种输入输出接口的技术规范。USB 接口广泛地应用于个人计算机和移动设备等通信产品。

1.2　处理器架构及指令集

处理器架构通俗来说就是计算机处理器的设计结构和组织方式。它决定了硬件如何执行软件指令，以及如何处理和存储数据。本节介绍指令、指令集架构和微架构。

1.2.1　指令

指令是指示计算机执行某种操作的命令，由一串二进制代码组成。一条指令通常由操作码和地址码两部分组成：操作码指明该指令要完成的工作的类型或性质，如取数、做加法或输出数据等；地址码指明操作对象的内容和所在的存储单元地址。一般的软件程序需要转换为数量巨大的指令后才能在计算机上执行。一段程序通过编译翻译成汇编语言，然后通过汇编器翻译成机器码，这些机器码使用由 0 和 1 组成的机器语言表示。

1.2.2　指令集架构

指令集架构（Instruction Set Architecture，ISA）定义了 CPU 可以执行的机器指令集合，以及这些指令的编码方式。ISA 是软件与硬件之间的接口，它决定了软件如何与 CPU 交互。因此指令集架构不仅决定了 CPU 的功能，还决定了指令的格式和 CPU 架构。指令集架构主要分为以下几类。

- 复杂指令集计算机（Complex Instruction Set Computer，CISC）架构：每条指令可执行多个操作。典型的 CISC 架构包括 x86 处理器（如 Intel 的 Pentium 系列）。其优点是代码编写简单，缺点是执行效率较低，适用于需要简单编程的应用场景，如家用和商用计算机。
- 精简指令集计算机（Reduced Instruction Set Computer，RISC）架构：架构的指令数目少且简单，执行效率高。ARM 和 PowerPC 处理器采用典型的 RISC 架构。其优点是执行效率高，缺点是编程复杂度较高，适用于高性能计算和嵌入式系统。
- 显式并行指令计算（Explicitly Parallel Instruction Computing，EPIC）架构：通过并行执行多条指令提高性能，如 Intel 的 Itanium 处理器。其优点是性能强，缺点是复杂度高，适用于需要极高计算能力的应用场景。
- 超长指令字（Very Long Instruction Word，VLIW）架构：将多条指令合并为一个长指令字，提高并行度。其优点是并行度高，缺点是编程复杂，适用于需要大量并行计算的场景。

1．指令编码

指令的功能由指令的操作码决定。根据功能，指令可分为四大类：第一类为运算指令，用于处理加减乘除、移位、逻辑运算等；第二类为访存指令，负责对存储器的读写；第三类是转移指令，用于控制程序的流向；第四类是特殊指令，用于操作系统的特定用途。

指令编码是将计算机指令转换成机器可识别的二进制代码的过程或结果。CISC 架构的指令码长度可变，其编码也比较自由，可依据类似于哈夫曼（Huffman）编码的方式将操作码平均长度缩短。RISC 架构的指令码长度固定，因此需要合理定义来保证各指令码能存放所需的操作码、寄存器号、立即数等元素。

图 1-1 直观地给出了 RISC、CISC、VLIW 架构的指令编码。

图 1-1 RISC、CISC、VLIW 架构的指令编码

MIPS 公司开发的 RISC 架构有 R 型、I 型和 J 型的指令，内部位域分配不同，但总长度均为 32 位。

以 x86 为代表的 CISC 架构中，指令是变化的，这意味着每条指令的长度并不固定。指令长度的变化主要取决于操作码、操作数和前缀。

VLIW 架构通过将多个操作打包在单条宽指令中来实现并行处理。在这种架构中，每条指令通常包含多个微操作，这些微操作可以由硬件并行执行。这种设计旨在通过提高指令级并行处理的能力提高处理器的性能。

2. 寻址访存

指令可访问的地址空间包括寄存器空间和系统内存空间。寄存器空间包括通用寄存器、专用寄存器和控制寄存器。寄存器空间通过指令中的寄存器号寻址，系统内存空间通过访存指令中的访存地址寻址。

通用寄存器是处理器中最常用的存储单元，在一个处理器周期内可以同时读取多条指令需要的多个寄存器的值。每套指令集里都定义了一定数量的通用寄存器供编译器进行充分的指令调度。针对浮点运算，通常还定义了浮点通用寄存器。

除了通用寄存器外，有的指令集还会定义一些专用寄存器，仅用于某些专用指令或专用功能。

不同指令集对系统内存空间的定义各不相同，广义的系统内存空间包括 I/O 空间和内存空间。x86 指令集包含独立的 I/O 空间和内存空间，对这两部分空间的访问需要使用不同的指令：对内存空间使用一般的访存指令，对 I/O 空间使用专门的 in/out 指令。而 MIPS、ARM、LoongArch 等 RISC 指令集则通常不区分 I/O 空间和内存空间，把它们都映射到同一个系统内存空间，使用相同的 load/store 指令。处理器对 I/O 空间的访问不能经过高速缓存，因此在使用相同的 load/store 指令既访问 I/O 空间又访问内存空间的情况下，就需要定义 load/store 指令访问地址的存储访问类型。如 MIPS 指令集定义高速缓存一致性属性（Cache Coherency Attribute，CCA）——Uncached 和 Cached，二者分别用于 I/O 空间和内存空间的访问，ARM AArch64 指令定义内存属性 Device 和 Normal，二者分别对应 I/O 空间和内存空间的访问。存储访问类型通常根据访存地址范围来确定。

根据使用数据的方式，指令可分为栈型指令、累加器型指令和寄存器型指令。寄存器型指令又可以进一步分为寄存器-寄存器（register-register）型指令和寄存器-存储器（register-memory）型指令。

栈型指令又称零地址指令，其操作数都在栈顶，在运算指令中不需要指定操作数，默认对栈顶数据进行运算并将结果压回栈顶。

累加器型指令又称单地址指令，包含一个隐含操作数——累加器，另一个操作数在指令中指定，把结果写回累加器中。

在寄存器-存储器型指令中，每个操作数都由指令显式指定，操作数为寄存器和内存单元。

在寄存器-寄存器型指令中，每个操作数也由指令显式指定，但除了访存指令外的其他指令的操作数只能是寄存器。

表 1-1 给出了执行 C=A+B 的不同指令序列。其中，A、B、C 为不同的内存地址，R1、R2 等为通用寄存器。

表 1-1　　　　　　　　　执行 C=A+B 的不同指令序列

栈型 指令序列	累加器型 指令序列	寄存器型指令序列	
		寄存器-存储器型 指令序列	寄存器-寄存器型 指令序列
PUSH A	LOAD A	LOAD R1,A	LOAD R1,A
PUSH B	ADD B	ADD R1,B	LOAD R2,B
ADD	STORE C	STORE C,R1	ADD R3,R1,R2
POP C			STORE C,R3

寻址方式指根据地址信息确定操作数位置的方式。表 1-2 列出了常用的寻址方式。

表 1-2　　　　　　　　　常用的寻址方式

寻址方式	示例	说明
寄存器寻址	ADD R1,R2	regs[R1]=regs[R1]+regs[R2]
立即数寻址	ADD R1,#2	regs[R1]=regs[R1]+2
偏移量寻址	ADD R1,100(R2)	regs[R1]=regs[R1]+mem[100+regs[R2]]
寄存器间接寻址	ADD R1,(R2)	regs[R1]=regs[R1]+mem[regs[R2]]
变址寻址	ADD R1,(R2+R3)	regs[R1]=regs[R1]+mem[regs[R2]+regs[R3]]
绝对寻址	ADD R1,(100)	regs[R1]=regs[R1]+mem[100]
存储器间接寻址	ADD R1,@(R2)	regs[R1]=regs[R1]+mem[mem[regs[R2]]]
自增量寻址	ADD R1,(R2)+	regs[R1]=regs[R1]+mem[regs[R2]], regs[R2]=regs[R2]+d
自减量寻址	ADD R1,−(R2)	regs[R2]=regs[R2]−d, regs[R1]=regs[R1]+mem[regs[R2]]
比例变址寻址	ADD R1,100(R2)(R3)	regs[R1]=regs[R1]+mem[100+regs[R2]+regs[R3]*d]

其中，数组 mem[ ] 表示存储器，数组 regs[ ] 表示寄存器，mem[regs[Rn]] 表示以寄存器 Rn 的值作为存储器地址所访问的存储器值。

此外，还有很多其他寻址方式，但常用的寻址方式并不多。

偏移量寻址、立即数寻址和寄存器间接寻址是常用的寻址方式，而寄存器间接寻址相当于偏移量为 0 的偏移量寻址。因此，一个指令系统至少应支持寄存器寻址、立即数寻址和偏移量寻址。

经典的 RISC 指令集（如 MIPS 和 Alpha）主要支持上述 3 种寻址方式，以兼顾硬件设计的简洁性和寻址计算的高效性。不过，随着工艺和设计水平的提升，现代商用 RISC 类指令集在逐步增加所支持的寻址方式以进一步提升代码密度。例如，64 位的 LoongArch 指令集（简称 LA64）就在支持寄存器寻址、立即数寻址和偏移量寻址的基础上还支持变址寻址方式。

在执行访存指令时，必须考虑访存地址是否对齐和指令系统是否支持不对齐访问。所谓对齐访问，是指对该数据的访问起始地址是其数据长度的整数倍。例如，要访问一个 4 字节的数，其起始地址必须是 4 的倍数。

对齐访问的硬件实现较简单。若支持不对齐访问，硬件需要完成数据的拆分和拼合。但若只支持对齐访问，又会使指令系统丧失一些灵活性。例如，字符串操作经常需要进行不对齐访问，若只支持对齐访问，就会让实现字符串操作变得复杂。以 x86 为代表的 CISC 架构的指令集通常支持不对齐访问，RISC 架构的指令集在早期发展过程中为了简化硬件设计只支持对齐访问，对不对齐的地址访问将产生异常。

近些年来，随着工艺和设计水平的提升，越来越多的 RISC 架构的指令集开始支持不对齐访问以减轻软件优化的负担。

另一个与访存地址相关的问题是端（endian）问题。不同的机器可能使用大端模式或小端模式，这带来了严重的数据兼容性问题。Motorola 公司的 68000 系列和 IBM 公司的 System 系列指令系统采用大端模式；x86、VAX 和 LoongArch 等指令系统采用小端存储方式；ARM、SPARC 和 MIPS 等指令系统同时支持大端、小端模式。

3. 数据类型

操作数常见的数据类型包括整数、实数、字符，数据长度包括 1 字节、2 字节、4 字节和 8 字节。x86 指令集还包含专门的十进制类型 BCD。表 1-3 给出了 C 语言整数类型与不同指令集中的名称和长度的关系。

表 1-3　C 语言整数类型与不同指令集中的名称和长度的关系

C 语言整数类型	LA32 指令集		LA64 指令集		x86 指令集		x86-64 指令集	
	名称	长度/字节	名称	长度/字节	名称	长度/字节	名称	长度/字节
char	Byte	1	Byte	1	Byte	1	Byte	1
short	Halfword	2	Halfword	2	Word	2	Word	2
int	Word	4	Word	4	Dword	4	Dword	4
long	Dword	4	Dword	8	Dword	4	Qword	8
long long	Dword	8	Dword	8	Qword	8	Qword	8

实数类型在计算机中表示为浮点类型，包括单精度浮点数和双精度浮点数。单精度浮点数的长度为 4 字节，双精度浮点数的长度为 8 字节。

在指令中数据类型有两种表示方法：一种是由指令操作码来区分不同类型，例如，加法指令包括定点加法指令、单精度浮点加法指令、双精度浮点加法指令；另一种是将不同类型的标记附在数据上，例如，加法使用统一的操作码，用专门的标记来标明加法操作的数据类型。

1.2.3 微架构

微架构（microarchitecture）又称为内部架构或处理器架构，是指实现 ISA 的处理器内部设计，包括数据路径、控制单元、寄存器、高速缓存和执行指令所需的其他硬件。通俗来讲，微架构就是处理器电路，即 CPU 内实现指令解析及算术逻辑运算等功能的电路设计架构。集成电路工程师在设计处理器时，会按照指令集规定的指令，设计具体的译码和运算电路来支持这些指令的运行。常见的微架构如表 1-4 所示。

表 1-4   常见的微架构

微架构	类型	主要应用
x86	CISC	服务器、个人计算机
ARM	RISC	移动设备、嵌入式设备
RISC-V	RISC	高性能计算、嵌入式设备
PowerPC	RISC	数据中心、游戏主机
MIPS	RISC	处理器、嵌入式系统
LoongArch	RISC	服务器、个人计算机、嵌入式设备

一套相同的指令集可以由不同形式的电路实现，可以有不同的微架构。在设计一个微架构时，一般需要考虑很多问题，例如，处理器是否支持分支预测，流水线需要多少级，主频需要多高，高速缓存多大，需要几级高速缓存。根据不同的选项，可以基于一套指令集设计出不同的微架构。

以 ARMv7 指令集为例，基于该套指令集，针对不同的性能、功耗等需求，ARM 公司设计了 Cortex-A7、Cortex-A8、Cortex-A9s、Cortex-A15、Cortex-M7 等微架构。基于一款相同的微架构，通过不同的配置，也可以设计不同的处理器类型。不同的 SoC 厂商获得 ARM 公司的 Cortex-M7 微架构授权后，基于该内核架构可以设计不同的 SoC，并最终流向市场。

微架构一般也称为 CPU 内核。在一个 ARM SoC 上，把 CPU 内核和各种外围设备通过 AMBA 总线连接起来，构成一个微处理器。

指令集、微架构与处理器之间的关系如图 1-2 所示。

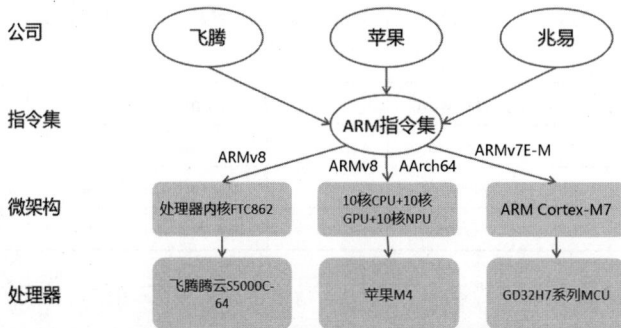

图 1-2 指令集、微架构与处理器之间的关系

1.3　LoongArch 及指令集

1.3.1　LoongArch 概述

LoongArch 是一种精简指令集计算机风格的指令系统架构。LoongArch 具有 RISC 架构的典型特征。它的指令长度固定且编码格式规整，绝大多数指令只有两个源操作数和一个目的操作数，采用 load/store 架构，即仅有 load/store 访存指令可以访问内存，其他指令的操作对象是处理器核内部的寄存器或指令码中的立即数。

LoongArch 分为 32 位和 64 位两个版本，分别称为 LA32 架构和 LA64 架构。LA64 架构应用级向下二进制兼容 LA32 架构。"应用级向下二进制兼容"一方面是指采用 LA32 架构的应用软件的二进制可以直接运行在兼容 LA64 架构的机器上并获得相同的运行结果；另一方面是指这种向下二进制兼容仅限于应用软件，架构规范并不保证在兼容 LA32 架构的机器上运行的系统软件（如操作系统内核）的二进制直接在兼容 LA64 架构的机器上运行时始终获得相同的运行结果。

LoongArch 采用基础部分加扩展部分的组织形式（见图 1-3）。其中扩展部分包括二进制翻译扩展、向量扩展、高级向量扩展和虚拟化扩展。

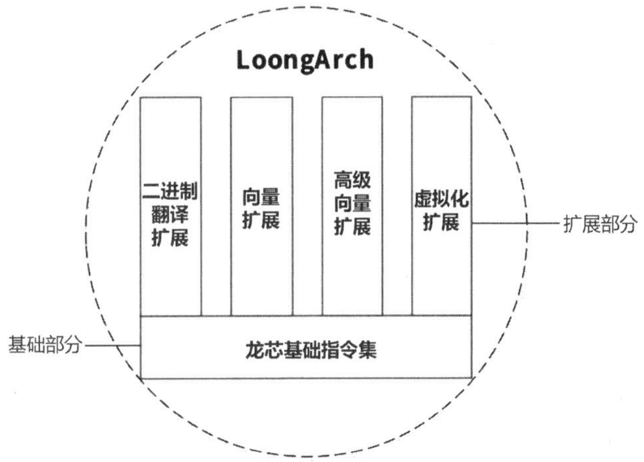

LoongArch 的基础部分包含非特权指令集和特权指令集两部分。其中，非特权指令集部分定义了常用的整数和浮点数指令，能够充分支持现有主流编译系统生成高效的目标代码。

LoongArch 的虚拟化扩展部分为操

图 1-3　LoongArch 的组织形式

作系统虚拟化提供硬件加速以提升性能。这部分涉及的基本上是特权资源，包括一些特权指令和控制状态寄存器，以及在异常、中断和存储管理等方面添加新的功能。

LoongArch 的二进制翻译扩展部分用于提升跨指令系统二进制翻译在 LoongArch 平台上的执行效率，它在基础部分之上进行扩展，同样包含非特权指令集和特权指令集两部分。

向量扩展和高级向量扩展部分均采用 SIMD 指令来加快计算密集型应用的运行速度。两个扩展部分在指令功能上基本一致，区别在于向量扩展操作的向量位宽是 128 位，而高级向量扩展操作的向量位宽是 256 位。

对于一个兼容 LoongArch 的实现，架构中的基础部分必须实现，扩展部分可以选择实现，各扩展部分可以灵活选择。不过，当选择实现高级向量扩展时，必须同时实现向量扩展。除了将整个扩展部分作为可选项，在基础部分和扩展部分中还进一步包含了一些可选实现的功能子集。

1.3.2　LoongArch 指令集编码

图 1-4 给出了 LoongArch 指令集的编码格式。

32 位的指令编码被划分为若干区域。按照不同的划分方式，共有 9 种典型的编码格式，即 3 种不含立即数的格式（2R 类型、3R 类型、4R 类型）和 6 种包含立即数的格式（2RI8 类型、2RI12 类型、2RI14 类型、2RI16 类型、1RI21 类型和 I26 类型）。

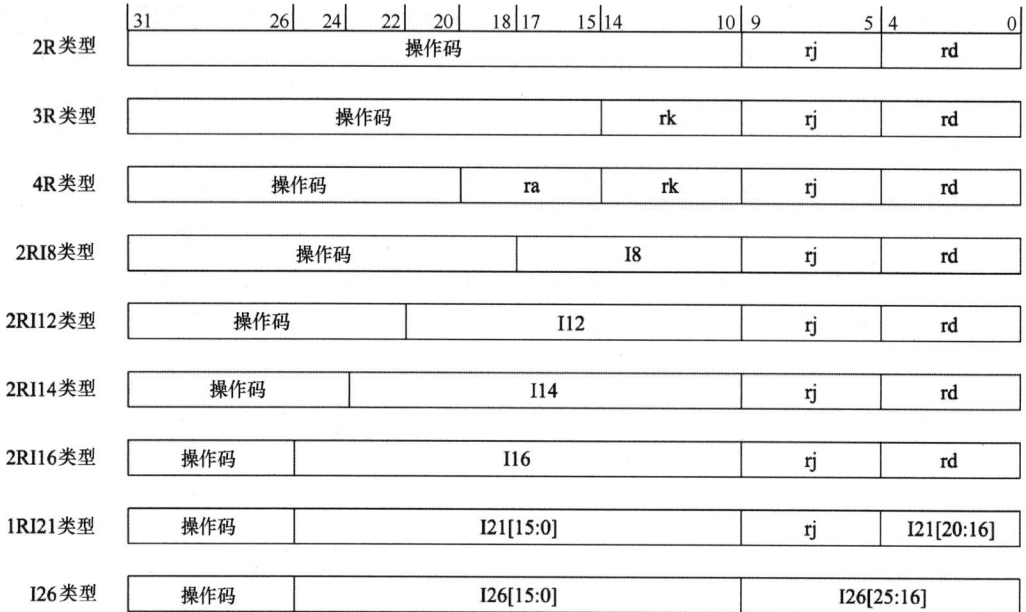

类型	31 ... 0
2R类型	操作码 | rj | rd
3R类型	操作码 | rk | rj | rd
4R类型	操作码 | ra | rk | rj | rd
2RI8类型	操作码 | I8 | rj | rd
2RI12类型	操作码 | I12 | rj | rd
2RI14类型	操作码 | I14 | rj | rd
2RI16类型	操作码 | I16 | rj | rd
1RI21类型	操作码 | I21[15:0] | rj | I21[20:16]
I26类型	操作码 | I26[15:0] | I26[25:16]

图 1-4　LoongArch 指令集的编码格式

rd、rj、rk 和 ra 字段用于存放寄存器编号，通常 rd 表示目标寄存器，而 rj、rk、ra 表示源寄存器。

I×× 字段用于存放指令立即数，即在立即数寻址方式下指令中给出的数。指令中的立即数不仅可作为运算型指令的源操作数，还可作为 load/store 指令中相对于基地址的偏移量以及转移指令中转移目标的偏移量。

第 2 章　LoongArch 的 SoC 逻辑设计

2.1　基于 LoongArch 的 SoC

2.1.1　丽湖霸下 BX2400 的设计目标

丽湖霸下 BX2400 是龙芯中科百芯（BaiXin SoC）计划中由龙芯中科技术股份有限公司与深圳职业技术大学共同完成的一款 SoC。丽湖霸下 BX2400 面向物联网的嵌入式应用场景，内部集成 LoongArch32-Reduced（LA32R）指令集架构的处理器内核 LABX500（内部配置 256 KB 指令高速缓存和 256 KB 数据高速缓存），包含一个 32 位 SDRAM（Snychronous Dynamic Random Access Memory，同步动态随机访问存储器）控制器（内部集成 256 MB SDRAM），采用 AXI（Advanced eXtensible Interface，高级可扩展接口）总线系统（内部有 1 个 DMA 模块、1 个中断控制寄存器、1 个高精度时钟、一个启动存储器，集成了 1 个含 MII 的 MAC 模块、1 个 USB 接口、1 个 SDIO 控制器、1 个 UART 控制器、4 个 I2C 接口、8 个 PMW 控制器、1 个 SPI 控制器和 8 个 GPIO 接口。

丽湖霸下 BX2400 的总体结构如图 2-1 所示。

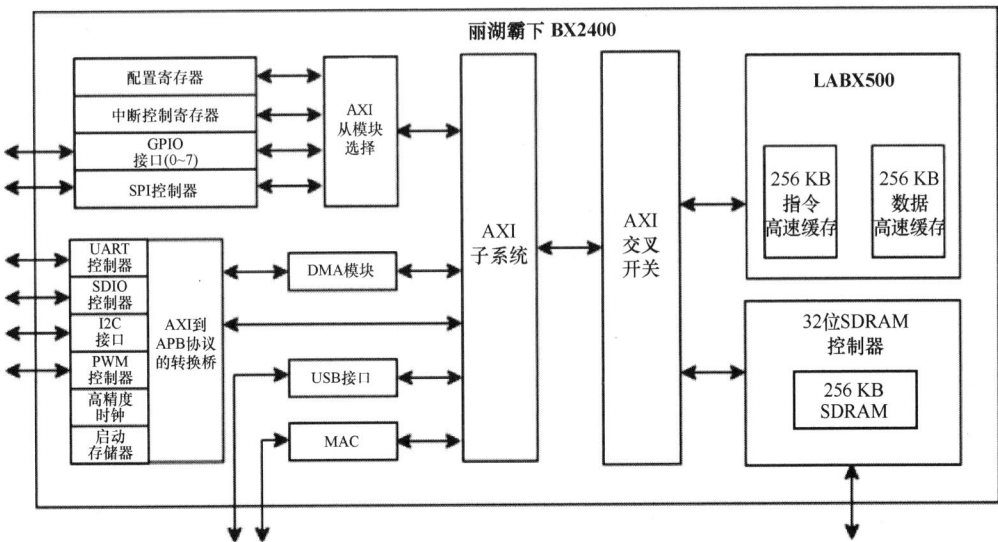

图 2-1　丽湖霸下 BX2400 的总体结构

丽湖霸下 BX2400 的性能设计目标如下。

- 工艺：0.13 μm CMOS。
- 电源电压：核心逻辑电压的范围是 1.2 V±0.1 V，I/O 电压的范围是 3.3 V±0.3 V。
- 封装：使用 LQFP（Low profile Quad Flat Package，薄型四方扁平封装）176，大小是 24 mm×24 mm。
- 工作频率：处理器内核的工作频率是 120 MHz，内存及系统总线的工作频率是 81 MHz。
- 功耗：不超过 250 mW。

2.1.2 核心模块设计

1. CPU 架构

CPU 内部集成 LA32R 指令集架构的处理器内核——LABX500。

LABX500 配置了 1 个程序计数器（Program Counter，PC）。PC 寄存器不能被指令直接修改，它只能被转移指令、异常陷入指令和异常返回指令间接修改。

LABX500 具有两个运行特权等级（Privilege Level，PLV），分别是 PLV0 和 PLV3，应用软件应运行在 PLV3 上，从而与运行在 PLV0 的操作系统等系统软件隔离开。

LABX500 通过异常和中断打断当前正在执行的应用程序，将程序执行流切换到异常/中断处理程序的入口处，并开始执行。

LABX500 的中断采用线中断的形式。处理器内核内部可记录 12 个线中断，分别是一个处理器间中断（Inter-Processor Interrupt，IPI）、一个定时器中断（Timer Interrupt，TI）、8 个硬中断（HWI0～HWI7）和两个软中断（SWI0～SWI1）。所有的线中断都是电平中断，且都是高电平有效的。

LABX500 的内存地址空间是一个字节寻址的线性连续地址空间，应用软件推荐的内存地址空间访问范围是 0～（$2^{31}-1$）B。

LABX500 支持两种存储访问类型，分别是一致可缓存（Coherent Cached，CC）和强序非缓存（Strongly-ordered UnCached，SUC）。

LABX500 的所有取指操作的访存地址必须按 4 字节对齐，所有访存指令都要进行地址对齐检查。对于需要进行地址对齐检查的访存指令，LABX500 只采用小端存储方式。

2. 总线

丽湖霸下 BX2400 使用 AXI 总线完成 CPU 内核 LABX500 和随机存储器之间的数据传输，使用 APB 完成各个低速外围接口间的数据传输，AXI 总线和 APB 之间用 AXI_to_APB 异步桥连接。

3. 内存

丽湖霸下 BX2400 内部集成的 SDRAM 控制器支持一般的内存读/写/休眠操作，支持的最大容量为 1 GB，该芯片中内置的 SDRAM 的容量为 256 MB。图 2-2 展示了 SDRAM 控制器的结构。

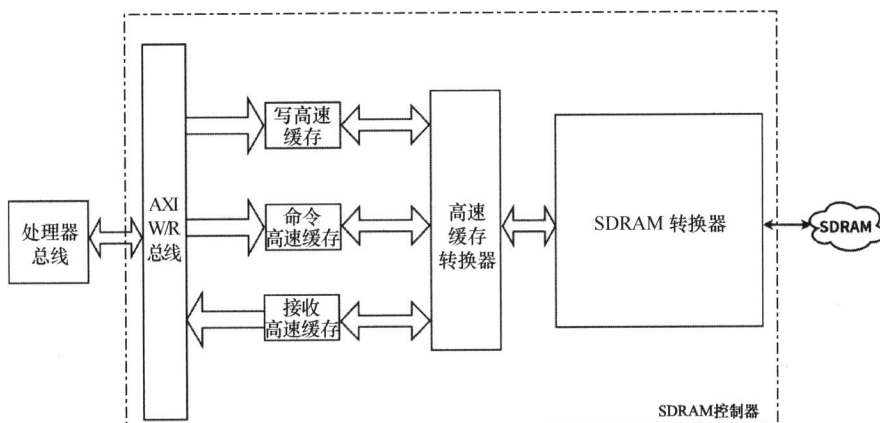

图 2-2　SDRAM 控制器的结构

丽湖霸下 BX2400 通过 AXI W/R 总线访问写高速缓存、命令高速缓存、接收高速缓存。3 个高速缓存对接高速缓存转换器，高速缓存转换器与 SDRAM 转换器连接，控制访问 SDRAM。

4. 系统复位启动

SoC 的复位可以分为如下两种类型。

- 冷复位，也叫上电复位，是指在芯片上电之后进行的复位操作。
- 看门狗复位，即在芯片运行时通过软件机制进行复位。

丽湖霸下 BX2400 的复位逻辑也采用这两种方式。冷复位信号由 SYS_RESET*n* 信号输入，在上电序列完成至少 10 ms 后再拉高。丽湖霸下 BX2400 的复位分为 3 个阶段：在第一阶段，对芯片上的两个 PLL（Phase-Locked Loop，锁相环）进行复位；在第二阶段，对芯片中除 CPU 外的其他硬件部件进行复位；在第三阶段，对软件进行复位，结束后 CPU 开始取指。

看门狗复位指在系统中有一个看门狗定时器（Watch Dog Timer，WDT），它实际上是一个计数器。一般给看门狗一个较大的数，程序开始运行后看门狗开始倒计数。如果程序正常运行，过一段时间 CPU 应发出指令让看门狗复位，重新开始倒计数。如果看门狗减到 0，就认为程序没有正常工作，强制整个系统复位。

图 2-3 展示了看门狗复位系统。系统对看门狗进行配置，判断看门狗里面计数器的值是不是 0。如果为 0，就发出软复位信号，让复位模块发出复位信号，之后芯片开始复位，复位过程与冷复位相同，同样经过 3 个阶段完成复位。

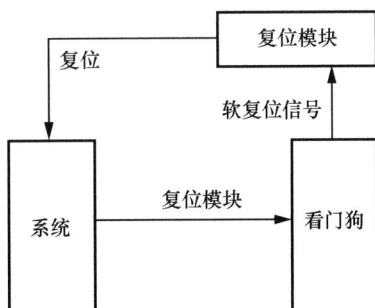

图 2-3　看门狗复位系统

5. 时钟

丽湖霸下 BX2400 的时钟网络如图 2-4 所示。其中集成了两个 PLL，分别是 CPU-PLL 和 SDRAM-PLL。

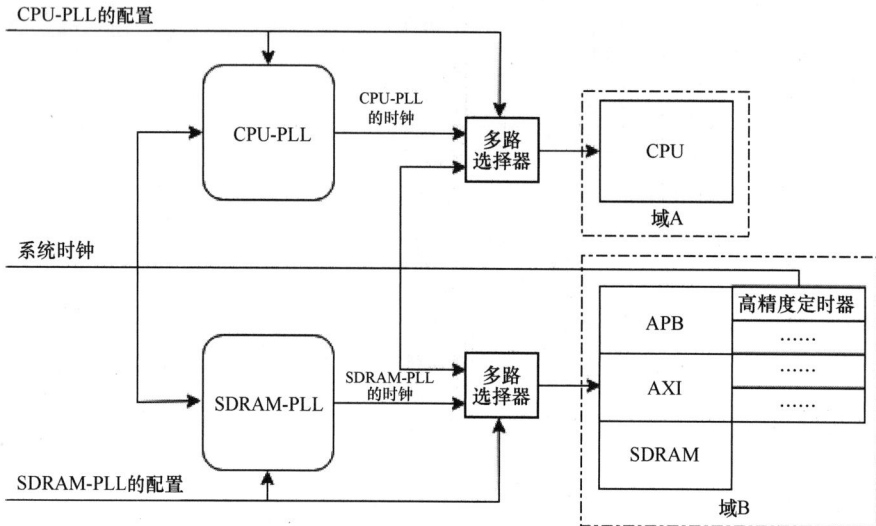

图 2-4　丽湖霸下 BX2400 的时钟网络

总体而言，丽湖霸下 BX2400 有两个时钟域，系统时钟通过 CPU-PLL 只向 CPU 内核提供时钟，而通过 SDRAM-PLL 向 SDRAM 和 AXI、APB 及其连接的设备提供时钟。此外，系统时钟还负责提供稳定的时钟。在 PLL 的复位阶段，两个 PLL 还没有完成复位，此时两个多路选择器均选择 S 系统时钟，供 CPU 内核及各核外模块使用，复位阶段完成后，与 PLL 相关的配置寄存器决定了输出的时钟频率以及多路选择器的选择。

丽湖霸下 BX2400 内部有一个高精度时钟，采用 1 MHz 的频率计数，根据配置的控制寄存器可产生周期最短 1 μs、最长 2^{31} μs 的中断输出。该定时器的时钟来自外部晶振，不受芯片运行频率影响，能提供稳定的时钟。高精度时钟的工作原理如图 2-5 所示，系统通过 APB 配置高精度时钟的控制寄存器。高精度时钟中有两个计数器。第一个计数器将晶振产生的 24 MHz 的系统时钟输出为 1 MHz 的脉冲信号，该脉冲的间隔时间为 1 μs，随后使用该脉冲信号计数，并在满足中断间隔条件时产生中断。

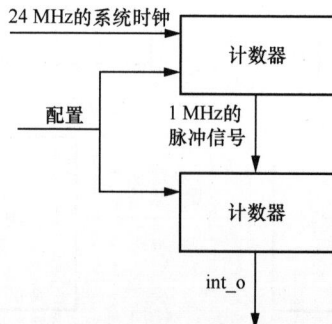

图 2-5　高精度时钟的工作原理

6. DMA 模块

丽湖霸下 BX2400 包含一个 DMA 模块，共有 3 路 DMA，用于块数据或者流数据的操作，以提高处理器的工作效率。DMA 模块负责模块设备与内存之间的数据通信，由 AXI 端口接收 CPU 请求并访问内存，由 APB 端口与设备源通信。图 2-6 展示了 DMA 控制器的结构。

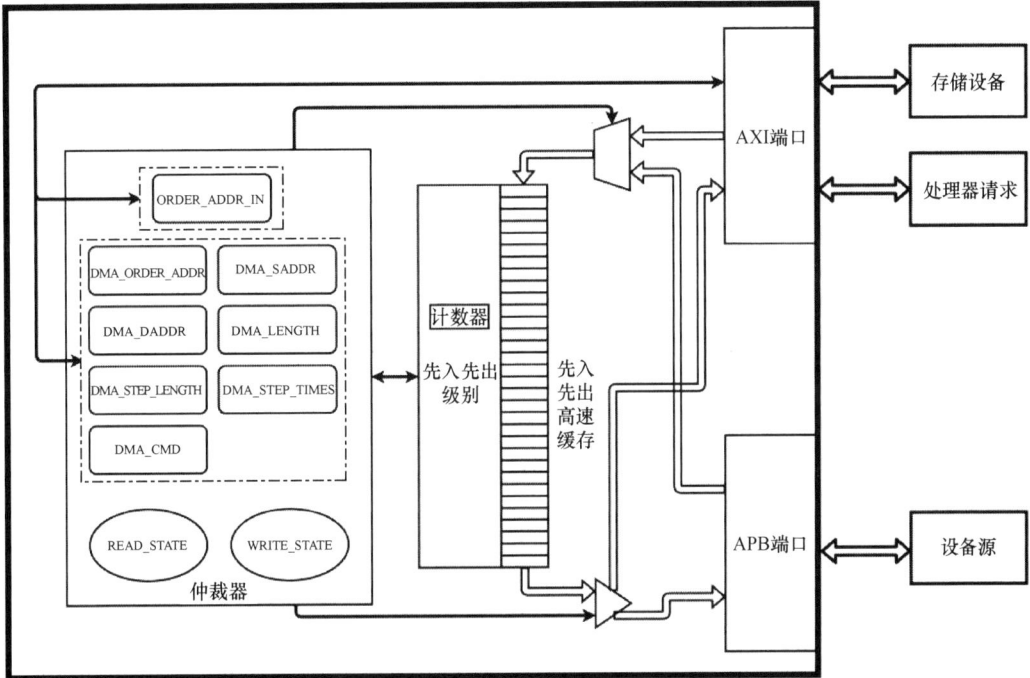

图 2-6　DMA 控制器的结构

DMA 控制器限定为以字（即 4 字节）为单位的数据搬运，内部包括 FIFO（First Input First Output，先入先出）高速缓存、仲裁器。DMA 的先入先出高速缓存大小为 128 字节，以字为单位读写。根据 DMA_ORDER_ADDR 寄存器、DMA_SADDR 寄存器、DMA_DADDR 寄存器、DMA_LENGTH 寄存器、DMA_STEP_LENGTH 寄存器、DMA_STEP_TIMES 寄存器、DMA_CMD 寄存器等的配置情况，进行搬运数据的读、写操作。

7. SDIO 控制器

丽湖霸下 BX2400 集成了一个 SDIO 控制器，用于 SD 存储卡和 SDIO 卡的读写，支持 SD 存储卡启动。SDIO 控制器的特性如下。

- 兼容 SD 存储卡的规格（2.0 版本）；
- 兼容 SDIO 卡的规格（2.0 版本）；
- 具有 8 字（32 字节）数据发送/接收 FIFO 缓冲器；
- 具有扩展的 256 位 SD 卡状态寄存器；
- 支持 8 位预分频逻辑；
- 采用 DMA 数据传输模式；
- 采用 1 位/4 位（宽总线）的 SD 模式。

8. MAC 模块

丽湖霸下 BX2400 集成了 1 个 MAC 模块，它能够实现 IEEE 802.3 协议中对 10 Mbit/s 和 100 Mbit/s 以太网媒体访问控制层所定义的带冲突检测的载波监听多路访问（Carrier Sense Multiple Access with Collision Detection，CSMA/CD）算法。MAC 模块内部集成独有的 DMA 控制器，通过一系列控制和状态寄存器与 CPU 进行交互，在 CPU 的控制下完成帧的接收和发送。该 DMA 控制器不能被其他模块使用，MAC 模块也无法使用外部其他 DMA 控制器。MAC 模块与 SDRAM 之间的数据传输是通过 DMA 控制器完成的。在传输数据时，DMA 控制器访问 SDRAM，从发送数据缓冲区取出数据或者将数据写入接收数据缓冲区，这个过程不需要 CPU 的介入，从而得到了更高的传输效率。MAC 模块包括 MAC 寄存器和 DMA 寄存器。

9. SPI 控制器

丽湖霸下 BX2400 集成的一个 SPI 控制器仅可作为主控端，所连接的是从设备。对于软件而言，除了若干 I/O 寄存器，SPI 控制器还有一段映射到 SPI 闪存的只读存储空间。SPI 控制器的结构如图 2-7 所示，由 SPI 主控制器、SPI 闪存读引擎和 SPI 总线选择模块组成。根据访问的地址和类型，将来自内部 AXI 总线的合法请求转发到 SPI 主控制器或 SPI 闪存读引擎，非法请求则被丢弃。

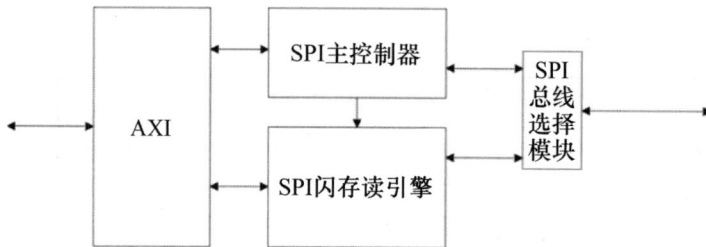

图 2-7　SPI 控制器的结构

10. UART 控制器

丽湖霸下 BX2400 集成了一个 UART 控制器，通过对串口控制器中各个寄存器执行写入初始化操作来设置帧传输格式，以及配置中断和波特率等相关信息。

在数据接收通路中，异步数据通过数据同步（datasync）模块变成同步信号。

根据接收数据的状态机的控制信号，将数据按照传输控制器定义的帧传输格式通过移位寄存器进行串-并转换，存入接收数据缓存中。

由 APB 将数据读出，并放到总线上，供 SoC 设备读取。

在数据发送通路中，首先将数据由 APB 写入发送数据的缓存，然后根据帧传输格式，将经过并-串转换的数据由最低有效位（Least Significant Bit，LSB）到最高有效位（Most Significant Bit，MSB）的格式串行送出。

在串口控制器发生中断时，可通过 APB 读取中断管理寄存器以获取中断源的具体信息。

11. PWM 控制器

丽湖霸下 BX2400 集成了 8 个 PWM 控制器，每一个 PWM 控制器的工作方式和控制方式完全相同。每个 PWM 控制器有一路脉冲宽度输出信号，可以实现脉冲输出功能和定时器功能。每个 PWM 控制器接口中有一系列控制寄存器，这些控制寄存器的地址为 PWM 控制器的物理地址基址加上内部的偏移量，实现脉冲宽度配置、定时功能配置。

12. I2C 接口

丽湖霸下 BX2400 集成了 4 个 I2C 接口。I2C 接口的主要模块包括时钟发生器（clock generator）、字节命令控制器（byte command controller）、位命令控制器（bit command controller）、数据移位寄存器（data shift register），其余为 LPB（Local Peripheral Bus，局域外围总线）接口和一些寄存器。时钟发生器产生分频时钟，同步位命令的工作；字节命令控制器将一个命令解释为按字节操作的时序，即把字节操作分解为位操作；位命令控制器进行实际数据的传输，并产生位命令信号；数据移位寄存器进行串行数据移位。

2.2　明确设计流程

在开展丽湖霸下 BX2400 的逻辑设计之前，需要掌握集成电路的研制过程、数字集成电路的设计流程和数字集成电路的设计方法。

2.2.1　集成电路的研制过程

虽然集成电路样式繁多，功能各异，但是其研制过程都可分为以下 4 个主要阶段。

（1）系统和线路设计阶段。根据指标要求，采用各种手段，包括计算机辅助设计的方法，设计出既符合集成电路的特点又实现电路功能、满足参数要求的线路，确定电路的拓扑结构及各元器件的参数。要得到一个优秀的集成电路线路设计，不仅要掌握传统的线路理论，还必须掌握集成化线路的特点。

（2）物理版图设计阶段。将设计好的线路图转换为集成电路工艺加工过程中所需的物理版图。要将线路转换为走线合理、布局清晰、功能映射完善的版图，需要掌握集成电路中半导体元器件的特性、版图布局的特点和设计规则，并了解实际工艺水平，按照指标要求设计版图。

（3）工艺加工阶段。采用设计好的版图，通过一系列制造工艺步骤，做出封装好的集成电路。

（4）成品测试和分析阶段。对封装好的集成电路进行全面的功能和参数测试，并根据测试结果进一步优化线路、版图、工艺设计。优化方案需要半导体物理、版图设计和线路设计理论支撑，需要严格对照设计指标，也要结合工艺的实际情况。精益求精，就能得到性能优越、满足设计要求并容易实现和量产的集成电路产品。

2.2.2　数字集成电路的设计流程

数字集成电路一般采取的是"自顶向下"的设计方法，从顶层的功能定义开始，一步步细化模块，直至能通过硬件描述语言（Hardware Description Language，HDL）实现。

数字集成电路的设计流程如图 2-8 所示。

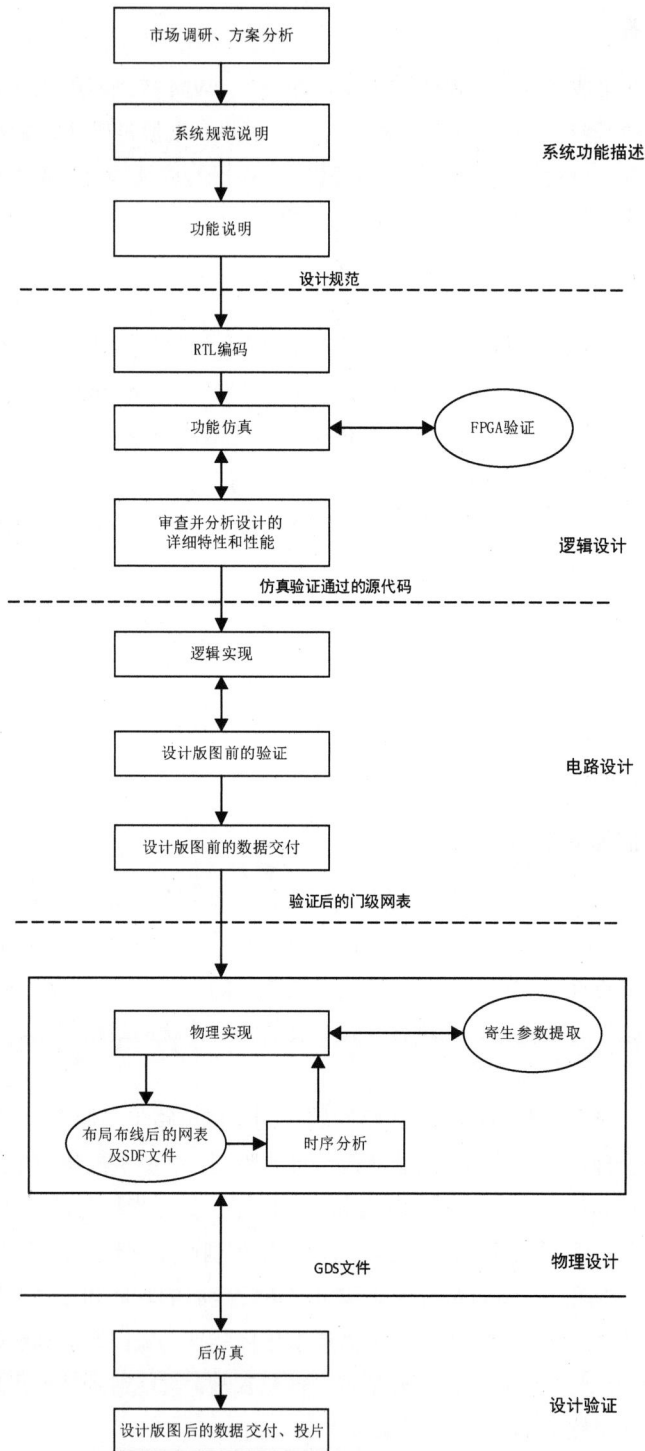

图 2-8 数字集成电路的设计流程

数字集成电路设计的基本步骤如下。

1. 系统功能描述

首先，根据提供的应用需求、市场信息、市场概念、资金、芯片开发成本等信息，结合应用系统,定义芯片规格和系统架构,完成系统规范说明。然后,根据电路功能,把整个芯片系统划分成各个子模块并定义接口,完成子模块的功能说明。系统架构设计也称作系统框架设计,是整个设计过程中最基础的环节之一。在完成了系统功能描述后,需要对整个系统进行验证,保证系统功能描述的正确性。

2. 逻辑设计

在逻辑设计中,使用两种输入方式:采用原理图或门级网表直接输入,采用硬件描述语言(Hardware Description Language,HDL)进行 RTL 建模。引进 CAD 技术后,通常采用 HDL 完成数字集成电路的逻辑设计阶段。

完成逻辑设计后,对设计的电路进行功能仿真,也就是行为级仿真——通过 EDA 工具进行功能仿真。对于 HDL 描述的电路,也可以先下载到现场可编程门阵列(Field Programmable Gate Array,FPGA)中再进行功能仿真,检验所描述的电路正确与否。

初步功能仿真完成后,需要审查和分析电路的详细特性与性能,包括代码风格、代码覆盖率、性能、可测试性、功耗等。

3. 电路设计

首先,完成逻辑实现的步骤主要包括逻辑综合和优化。该步骤也可称为高层次综合或行为级综合。用硬件描述语言描述各个组成部分的功能及其输入和输出,综合后,输出电路的具体形式。

其次,完成制作版图前的验证,一般采用混合仿真的方式。根据已经综合出来的电路结构,提取模拟电路中的延时信息,再次进行仿真。如果仿真结果不符合原先的设计和指标要求,则返回相应的步骤并进行修改。

注意,在超大规模集成电路的设计中,电路测试一般是一个关键的步骤。针对具有可测性需求的数字集成电路,在电路设计的这个阶段还需要增加插入测试电路的步骤。

最后,输出电路的网表。在完成电路设计后,应将电路的网表输出,以便后面物理设计的自动布局布线。

4. 物理设计

在集成电路的物理设计中,起始环节是物理实现,需要依据电路逻辑功能与性能要求,在芯片物理层面规划布局,确定晶体管、电容、电阻等元器件的位置及连线方式。

完成物理实现操作后,生成布局布线后的网表(用于描述元件连接关系),同时生成记录电路中各路径延迟信息的标准延时格式(Standard Delay Format,SDF)文件。接着,对电路进行寄生参数提取,获取寄生电容、寄生电阻等参数,因为它们会影响电路的性能,尤其是信号传输延迟。

随后利用布局布线后的网表、SDF 文件以及寄生参数提取结果,对电路开展时序分析,检查时钟信号建立时间、保持时间等是否符合设计时序要求。若不符合,则返回物理实现环节并调整。在通过时序分析且电路满足各项设计要求后,生成包含芯片版图信息的图形数据系统(Graphic Data System,GDS)标准文件,交付给芯片制造厂商,用于后续制造流程。

5. 设计验证

设计验证的环节主要是利用布局布线后的网表、SDF 等文件，并结合前面逻辑设计阶段实现的仿真环境对整个设计进行后仿真。通过后仿真后，就进入制作版图后的数据交付、投片环节。投片结束后，就可以得到实体芯片了。

2.2.3　数字集成电路的设计方法

集成电路的设计过程包括线路系统、器件、工艺、版图等的设计，较复杂。在数字集成电路的设计方法上，也不断摸索和改进以满足更高的设计要求。

按照不同的标准，数字集成电路的设计方法有多种划分方法。

按照是否同步设计，数字集成电路设计方法分为同步设计方法和异步设计方法。

"同步"是相对于"异步"而言的，之所以称为"同步"是因为同步设计中的主要存储器件是触发器，由全局时钟触发，时钟严格控制各个存储状态的改变。

在异步设计方法中，用于存储的单元一般为锁存器，用"握手"实现对数据流的控制，异步电路是电平敏感的电路。目前，市场上绝大多的数字电路采用较成熟的同步电路设计方法。由于频率、功耗等方面的要求越来越精细化、多样化，因此异步设计方法和全局异步局部同步（Globally Asynchronous Locally Synchronous，GALS）设计方法开始不断走进人们的视线，例如，曼彻特斯大学的 Amulet 系列处理器、Caltech 公司的 MiniMIPS 处理器等采用的是异步设计方法。

在同步系统中，使用触发器（flip-flop）作为基础存储单元，存储单元存储状态的改变严格受时钟沿控制。同步电路有以下优点。

- 同步电路比较容易使用触发器的异步清零/置位端口，保证各个存储单元有相同的初始状态。
- 同步电路中各个存储单元的状态当且仅当时钟沿到来时发生改变，随后保持稳定，这能够消除毛刺，使设计稳定、可靠，并在很大程度上减轻工艺、温度等对电路的影响。
- 在同步电路的设计中很容易组织流水线。在 CPU 等功能模块的设计中，为了提高芯片的效率和运行速度，经常会使用流水线的设计方法。
- 同步电路的设计方法以及相应的 EDA 软件都较成熟，这为设计提供了很大便利。例如，功能仿真工具 ModelSim、Quartus II、NC-Verilog，综合工具 Design Compiler，静态时序分析工具 PrimeTime，自动布局布线工具 SOC Encounter、Astro，这些成熟的 EDA 工具在简化设计、加快设计进度、提升设计准确性方面贡献颇丰。

异步电路同样有无可替代的优势，例如功耗低、无时钟扭曲等，但是缺乏通用商业 EDA 工具的支持，异步电路在设计描述、逻辑综合、后端实现等层面上也有许多问题需要解决。目前，许多技术研究人员就这些问题提出了各种基于同步 EDA 工具的异步电路设计方案。

按照设计顺序，数字集成电路设计方法分为自上而下的设计方法和自下而上的设计方法。

自上而下的设计方法也称正向设计，即将一个复杂的系统设计问题逐层分解为多个简单的设计问题。一般运用该方法进行设计时从系统设计开始，经过逻辑级和电路级的设计，最终完成版图的设计。自上而下的设计方法在数字集成电路的设计中很常用。

一般步骤如下。

（1）在系统级（顶层）划分功能和设计架构。

（2）在功能级进行仿真、纠错，并使用 HDL 对功能进行描述。

（3）用综合工具将设计转换为具体门级电路网表。

（4）在物理级（用 FPGA 器件或专用集成电路）实现。

自下而上的设计方法也称逆向设计，指以逆向剖析为基础的设计过程。当需要通过解剖分析现有产品时，就会使用这种设计方法。自下而上的设计方法的步骤如下。

（1）解剖样品，去掉封装，暴露出管芯。

（2）进行显微照相或用高精度图像系统提取管芯表面拓扑图来获得该集成电路样品的版图设计信息。

（3）提取逻辑和电路结构，分析其功能和原理，获得其原始设计思想。

（4）结合具体情况，在不同层次（指系统级、逻辑级、电路级或版图级）上，根据逆向剖析得到的信息，进行正向设计，完成最终的版图设计。

集成电路行业的市场竞争激烈，产品日新月异。集成电路设计人员经常针对完全陌生的应用和技术推出新产品来满足市场需求，开发需要持续进行，这是一种高风险的投资行为。同时，还要在市场竞争中具有成本和技术优势。这些原因促进了自下而上的设计方法的发展。通过对芯片内部电路的分析、整理，深入理解芯片的技术原理、设计思路、制造工艺、封装工艺等，将内部结构、尺寸、材料、制造步骤一一还原，可验证设计框架或者分析信息流在技术上的问题，帮助产生新的芯片设计或者产品设计方案。自下而上的设计方法原本用于防止芯片被复制，但已经发展为小型企业以更快的速度、更低的成本设计芯片的解决方案。

目前，数字集成电路的设计面临着 3 个挑战。

第一个挑战是设备技术的变化。特征尺寸缩小的速度缓慢、设计门槛高，以及工艺制造商之间的差异化竞争加剧，导致了工艺构成的多样化趋势。例如，移动端最热门的苹果处理器、高通骁龙、华为麒麟系列这类基带应用处理器均使用先进的 7 nm CMOS 工艺，实现了千亿晶体管集成和高达数吉赫兹的高速性能。事实上，随着工艺尺寸缩减的速度逐渐放缓，"超越摩尔定律"建议采用异构集成来提高芯片的性能。目前，高性能数字集成电路领域正逐渐转向通过封装集成方式提升芯片的效能。

第二个挑战是集成与互联技术的转型。在集成与互联方面，单核处理器的指令集并行性挖掘潜力早已用尽，单靠增加硬件数量（多核）提升性能的时代即将结束，摩尔定律将要失效，晶体管的性能提升速度放缓，功耗成为性能提升的主要限制。

第三个挑战是应用变革。在应用变革方面，要求应用程序是碎片化的，并且具有对特定区域快速响应的能力，有 4 个方面的发展趋势：以高复杂度换取高性能、低功耗，能效、功耗效率成为最重要的指标，功耗管理的重要性日益突出，感知技术与管理技术相结合。

2.3　搭建前端设计的工程环境

2.3.1　工具安装与环境配置

在丽湖霸下 BX2400 的设计流程中所用的 EDA 为 VCS（Verilog Compiled Simulator）与 Verdi。

VCS 是 Synopsys 公司开发的一种常用的 Verilog 编译和仿真工具，广泛应用于硬件设计和验证领域。

Verdi 是一种先进的交互式调试和仿真分析工具，也由 Synopsys 公司开发，为设计工程师提供了强大的功能和直观的用户界面，帮助他们更高效地进行调试和验证。

本小节首先介绍 VCS 的安装和部署，然后对 Verdi 的安装与环境配置进行讲解。

VCS 的安装包如图 2-9 所示。这里的路径是/home/eda/soft。读者也可以先把该安装包下载到指定的目录中再进行安装。

```
[root@iceda soft]# ls
fm_vP-2019.03-SP5              syn_vP-2019.03-SP5-1.auth
icc                           syn_vU-2022.12-SP7-3.auth
installer_v5.7                syn.zip
loong_chip                    vcs_mx_vN-2017.12-SP2-10.auth
primesim_xa_vT-2022.06-SP1-2.auth  verdi_v0-2018.09-SP1-1.auth
questa_sim-2019.3.aol         wv_ic.tar.gz
starrc_vP-2019.03-SP5-3.auth  xa_ic.tar.gz
syn_vP-2019.03-SP1-1.auth
```

图 2-9　VCS 的安装包

VCS 可以通过 Synopsys 的安装向导进行安装。

首先，通过如下命令进入 installer_v5.7 目录。

```
[root@iceeda_installer_v5.7]# ./setup.sh -install_as_root
```

然后，按 Enter 键，弹出图 2-10 所示的版权声明界面，单击 Start> 按钮，开始安装 VCS。

接下来，设置 Site ID Number、Site Administrator 和 Contact Information，如图 2-11 所示，单击 Next> 按钮。

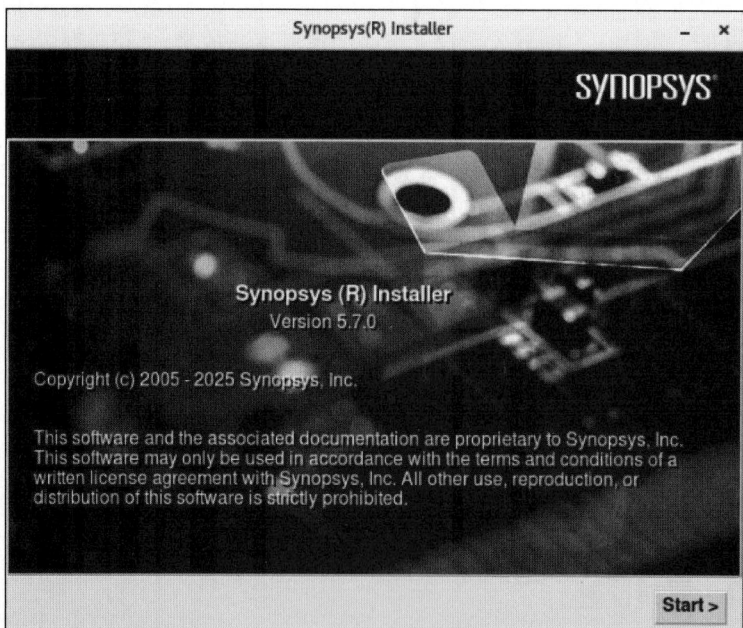

图 2-10　版权声明界面

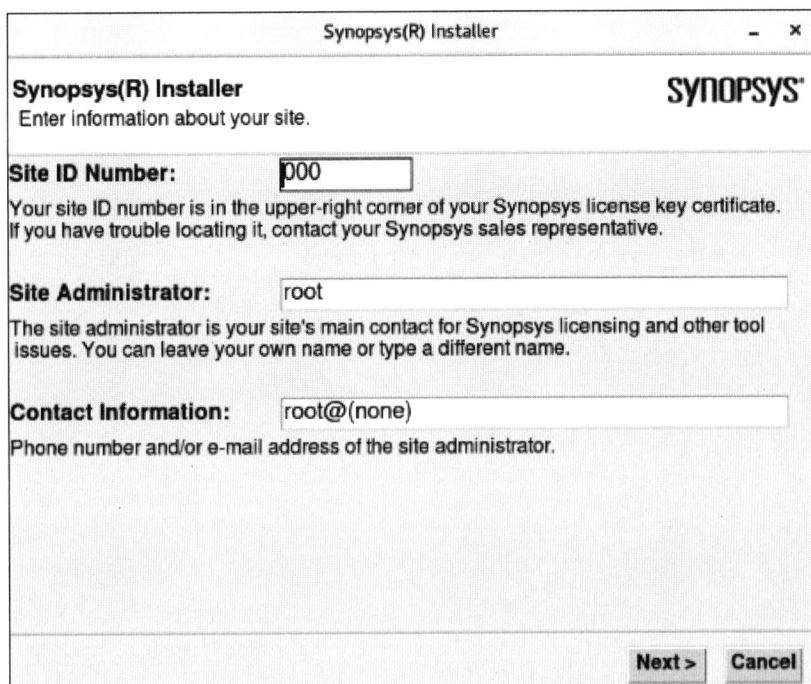

图 2-11　设置 Site ID Number、Site Administrator 和 Contact Information

接下来，选择 VCS 安装包存放的路径，如图 2-12 所示，单击 Next> 按钮。

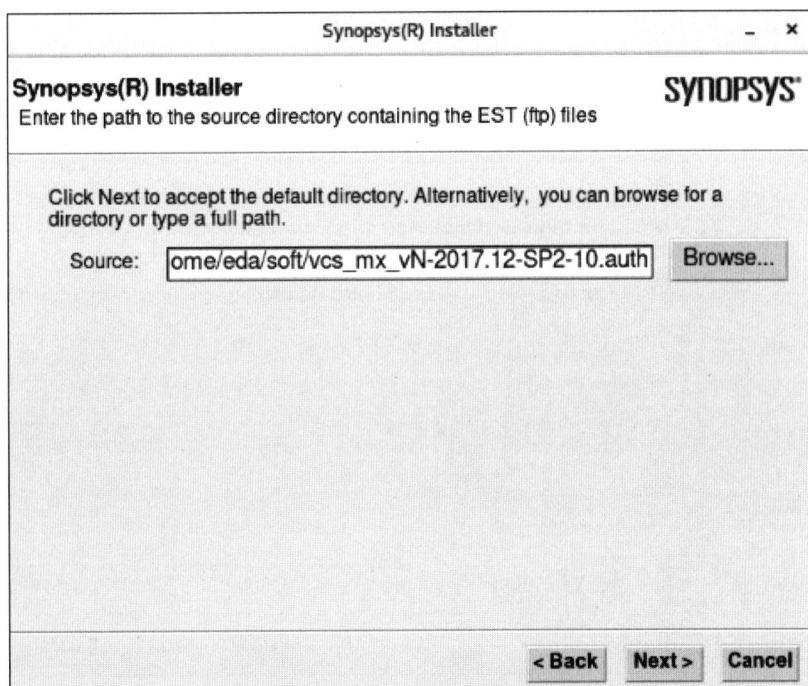

图 2-12　选择 VCS 安装包存放的路径

接下来，指定 VCS 的安装路径，这里安装到/home/eda/soft_eda/synopsys/vcs 目录下，如图 2-13 所示，单击 Next> 按钮。

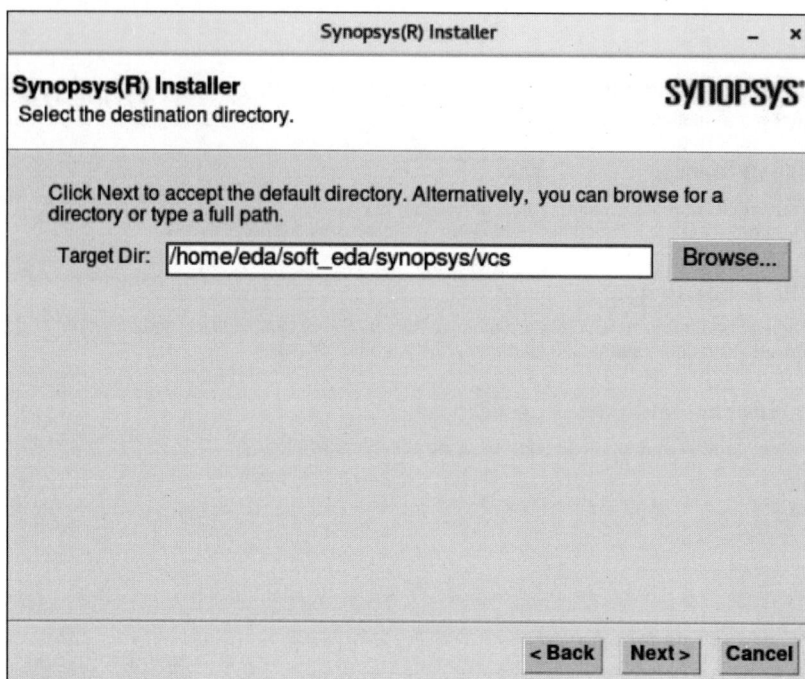

图 2-13　指定 VCS 的安装路径

接下来，选择要安装的产品和版本，如图 2-14 所示，单击 Next> 按钮。

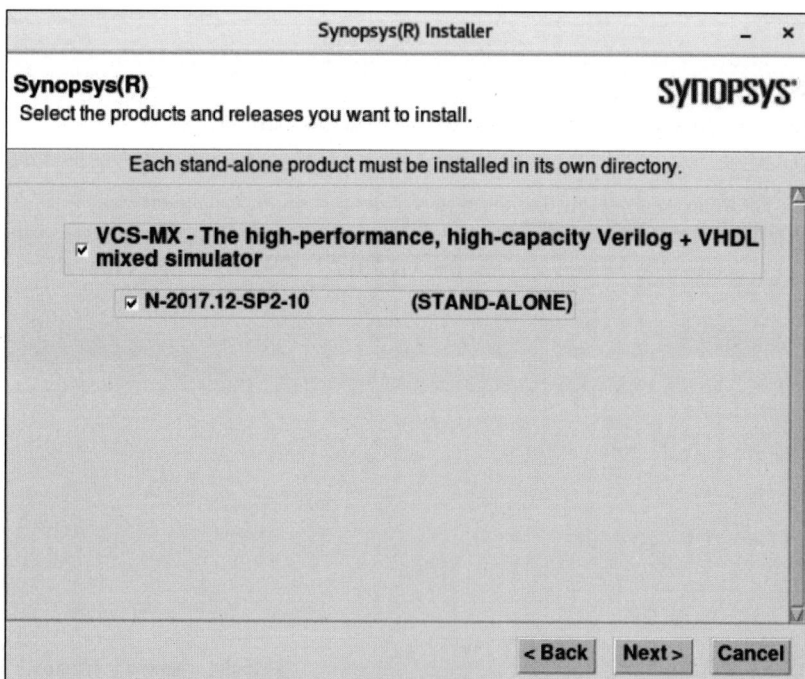

图 2-14　选择要安装的产品和版本

接下来，配置要安装的产品，如图 2-15 所示，单击 Next> 按钮。

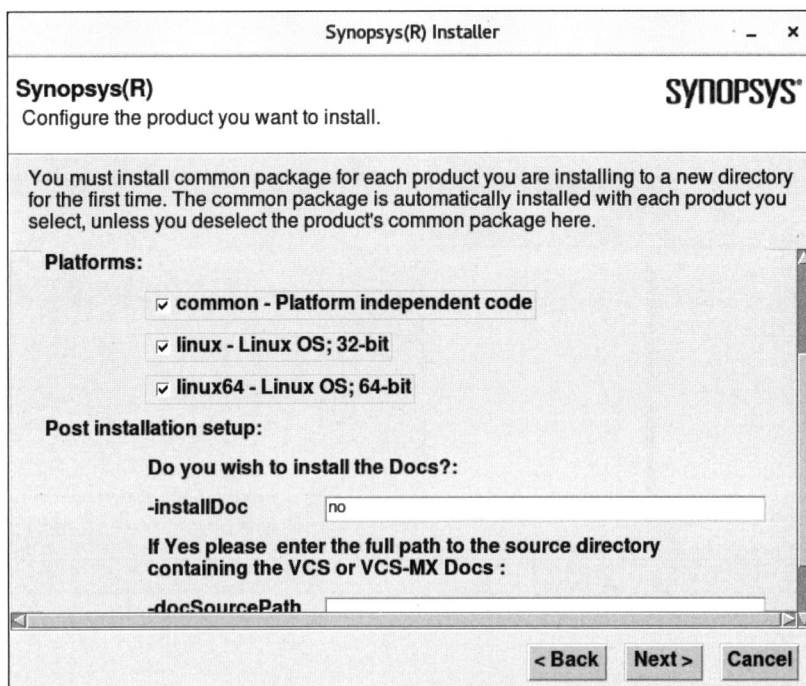

图 2-15　配置要安装的产品

接下来，配置 .bash 文件，进行调用，这里新建 loong_chip.bash 文件。

```
[root@iceeda ~]#vim loong_chip.bash
```

接下来，配置 loong_chip.bash 文件，配置工具的 License 文件路径、工具安装路径（需要改为自己的安装路径）、VCS 的详细路径（需要改为本地 VCS 的安装路径），如图 2-16 所示。

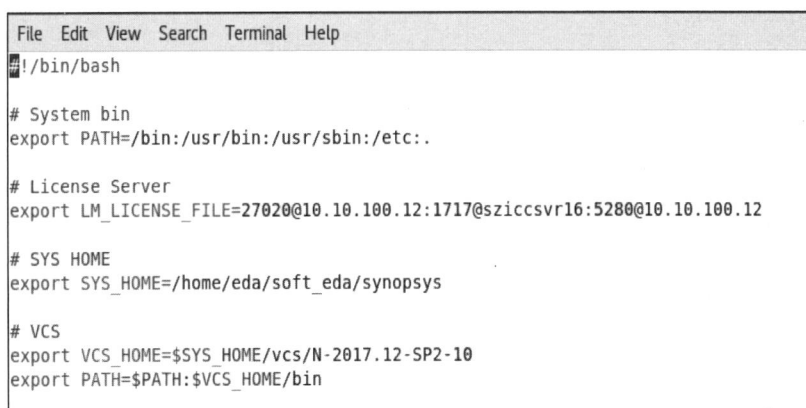

图 2-16　进行相关配置

最后，检查 VCS 运行情况，如图 2-17 所示。

```
[root@iceeda ~]#source loong_chip.bash
[root@iceeda ~]#dve
```

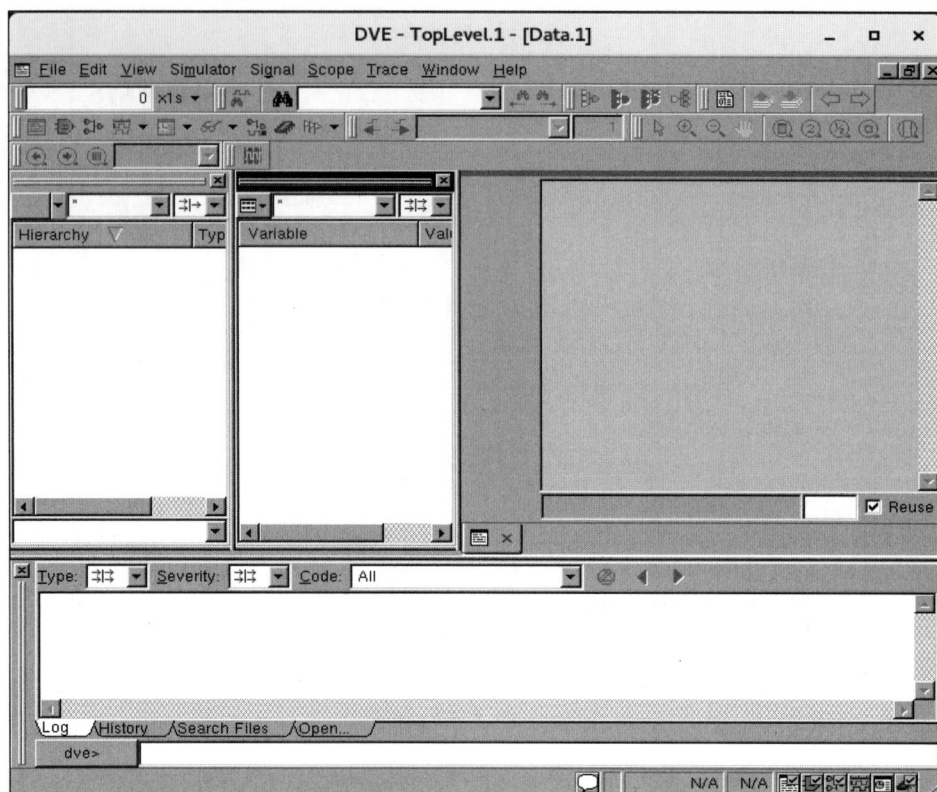

图 2-17　检查 VCS 运行情况

Verdi 的安装包如图 2-18 所示。这里的路径是/home/eda/soft。读者也可以先把该安装包下载到指定的目录中再进行安装。

```
[root@iceda soft]# ls
fm_vP-2019.03-SP5                    syn_vP-2019.03-SP5-1.auth
icc                                  syn_vU-2022.12-SP7-3.auth
installer_v5.7                       syn.zip
loong_chip                          vcs_mx_vN-2017.12-SP2-10.auth
primesim_xa_vT-2022.06-SP1-2.auth    verdi_vO-2018.09-SP1-1.auth
questa_sim-2019.3.aol               wv_ic.tar.gz
starrc_vP-2019.03-SP5-3.auth         xa_ic.tar.gz
syn_vP-2019.03-SP1-1.auth
```

图 2-18　Verdi 的安装包

Verdi 也可以通过 Synopsys 的安装向导进行安装。

首先，通过如下命令进入 installer_v5.7 目录。

```
[root@iceeda_installer_v5.7]# ./setup.sh -install_as_root
```

然后，按 Enter 键，也会出现图 2-10 所示的版权声明界面，单击 Start> 按钮，开始安装 Verdi。

接下来，参考图 2-11，设置 Site ID Number、Site Administrator 和 Contact Information，单击 Next> 按钮。

接下来，选择 Verdi 安装包存放的路径，如图 2-19 所示，单击 Next> 按钮。

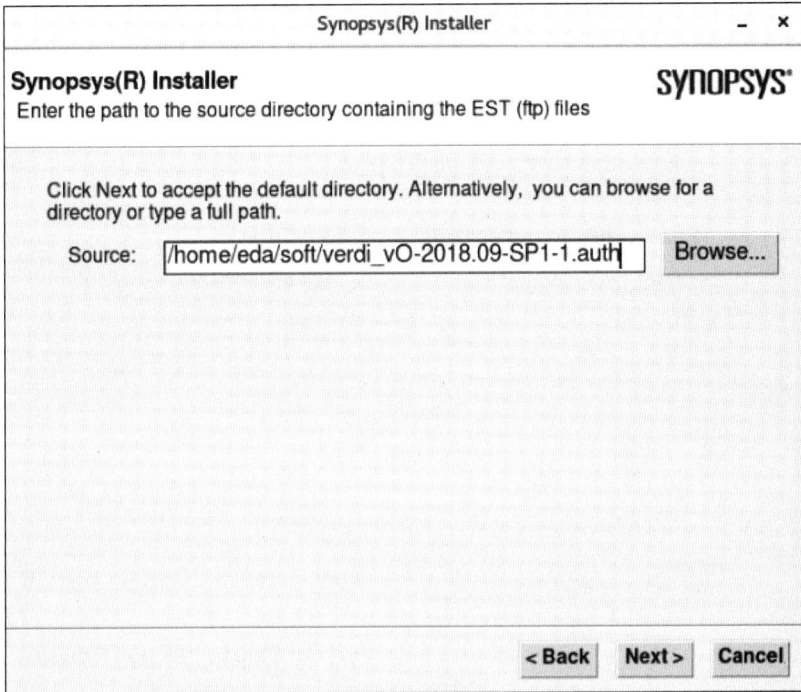

图 2-19　选择 Verdi 安装包存放的路径

接下来，指定 Verdi 的安装路径，这里安装到/home/eda/soft_eda/synopsys/verdi 目录下，如图 2-20 所示，单击 Next> 按钮。

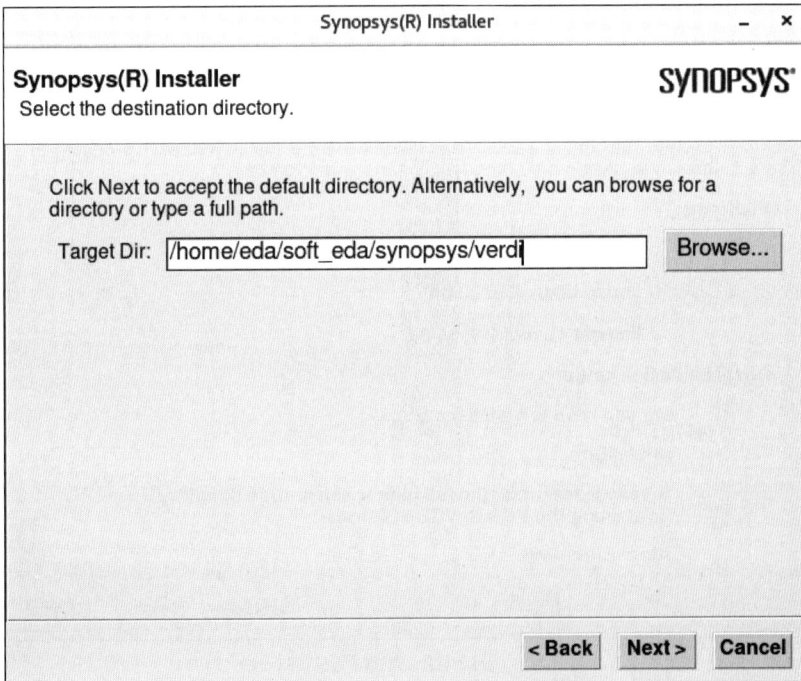

图 2-20　指定 Verdi 的安装路径

接下来，选择安装的产品和版本，如图 2-21 所示，单击 Next> 按钮。

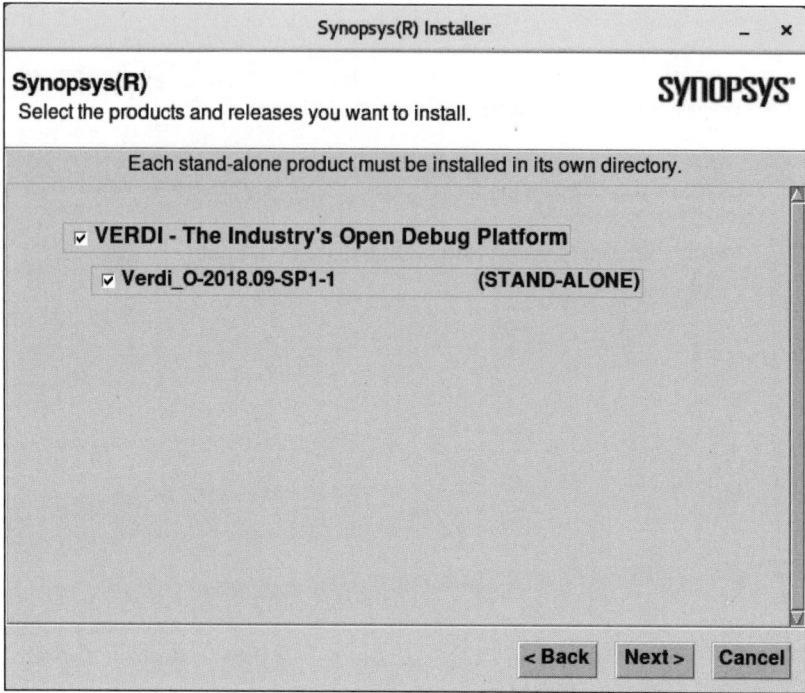

图 2-21 选择安装的产品和版本

接下来，配置产品，如图 2-22 所示，单击 Next> 按钮。

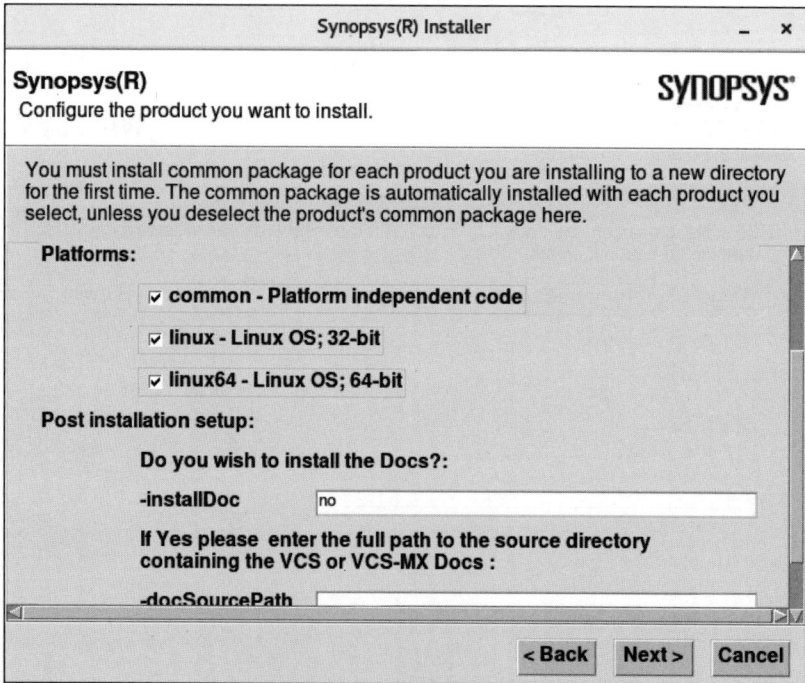

图 2-22 配置产品

接下来，验证选择的信息并接受，单击 Accept, Install 按钮，如图 2-23 所示。

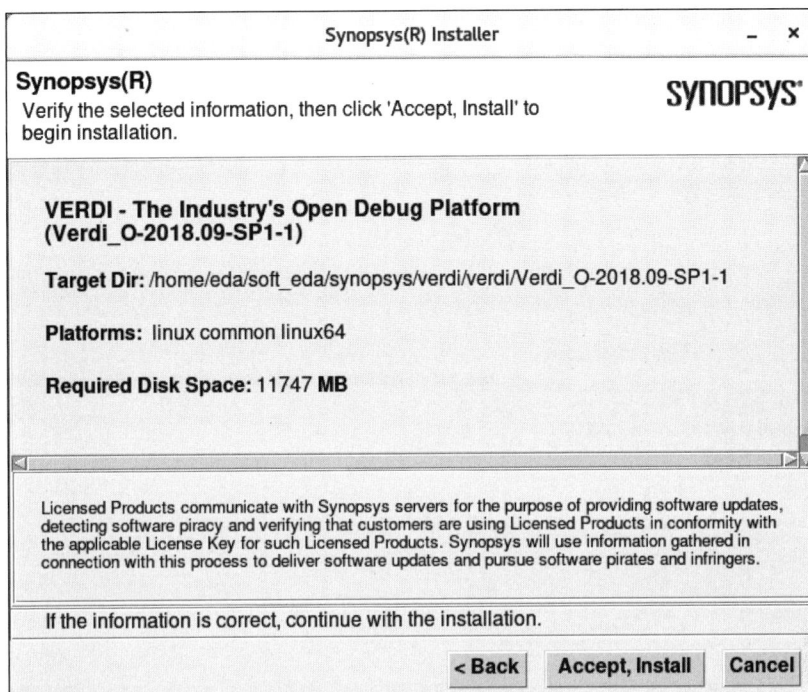

图 2-23　验证选择的信息并接受

接下来，配置 .bash 文件，进行调用。

```
[root@iceeda ~]#vim loong_chip.bash
```

接下来，配置 loong_chip.bash 文件并添加 Verdi 文件的路径（需要改为本地 Verdi 的安装路径），如图 2-24 所示。

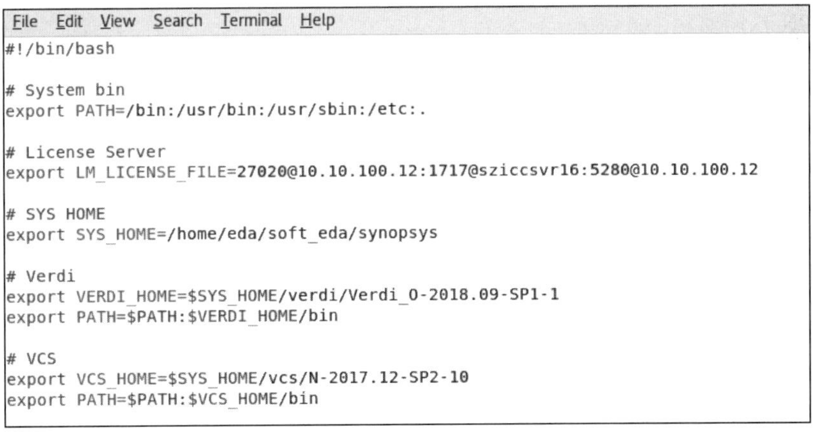

图 2-24　配置 loong_chip.bash 文件并添加 Verdi 文件的路径

最后，检查 Verdi 运行情况，如图 2-25 所示。

```
[root@iceeda ~]#source loong_chip.bash
[root@iceeda ~]#verdi
```

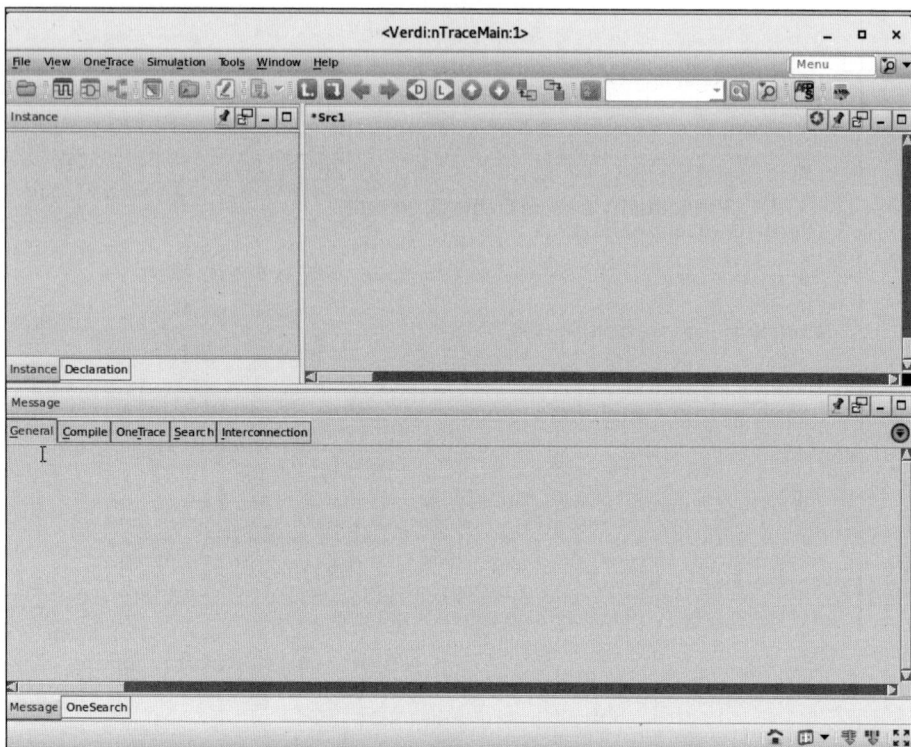

图 2-25　检查 Verdi 运行情况

下面介绍龙芯编译器的安装。先在工程包中找到龙芯编译器的安装包，如图 2-26 所示。

loongson-gnu-toolchain-8.3-x86_64-loongarch32r-linux-gnusf-v2.0.tar.xz

图 2-26　龙芯编译器的安装包

切换到解压后的路径。

```
cd /home/eda/toolchain
```

解压命令如下。

```
tar -xvf loongson-gnu-toolchain-8.3-x86_64-loongarch32r-linux-gnusf-v2.0.tar.xz
```

安装路径如下。

```
/home/eda/toolchain/loongson-gnu-toolchain-8.3-x86_64-loongarch32r-linux-gnusf-v2.0/
```

完成软件的安装后，进行环境变量的设置。要编辑.bashrc 文件，使用以下两条命令均可。

```
gedit ~/.bashrc
```

```
vi ~/.bashrc
```

在该文件中添加以下内容。

```
#SYS HOME
export SYS_HOME=/home/eda/soft_eda/synopsys
#设置 VCS 环境变量
```

```
#VCS
export VCS_HOME=$SYS_HOME/vcs/N-2017.12-SP2-10
export PATH=$PATH：$VCS_HOME/bin
#设置 Verdi 环境变量
#Verdi
export VERDI_HOME=$SYS_HOME/verdi/Verdi_0-2018.09-SP1-1/bin/verdi
export PATH=$PATH：$VERDI_HOME/bin
#设置龙芯编译器的环境变量
#toolchain
export
LOONG_ARCH_GCC_HOME=/home/eda/toolchain/loongson-gnu-toolchain-8.3-x86_64-loongarch32
r-linux-gnusf-v2.0/
export PATH=$PATH：$VERDI_HOME/bin
```

以上内容已经写成脚本 loong_chip.bash，也可以执行以下命令进行批量操作。

```
source /home/eda/loong_chip.bash
```

至此，丽湖霸下 BX2400 的前端环境搭建完成了。

2.3.2　工程目录

丽湖霸下 BX2400 的工程目录结构如图 2-27 所示。

```
|--rtl/
|--simu/
|   |--testbench/
|   |--lib/
|   |--func/
|   |--sdioboot_func/
|   |--run/
|--fpga/
|   |--xdc/
|   |--xilinx_ip/
|   |--create_proj.tcl
|--doc/
```

图 2-27　丽湖霸下 BX2400 的工程目录结构

rtl 文件夹中是寄存器传输级（Register Transfer Level，RTL）代码。rtl 文件夹中有丽湖霸下 BX2400 的各个组成部分（CPU、SDRAM、DMA、UART、I2C、AXI 传输层和 APB 桥）的设计代码。

simu 文件夹用于存放功能仿真过程中验证环境的相关信息。

fpga 文件夹中存放赛灵思设计约束（Xilinx Design Constraint，XDC）文件和赛灵思 IP 核。设计约束文件在数字电路前端设计中用于逻辑综合，将 RTL 代码转换成门级网表。在赛灵思 FPGA 设计环境中，赛灵思 IP 核是预设计的模块或功能块，可以用来快速构建复杂的系统。这些 IP 核提供了大量的功能——从简单的逻辑和数学函数到复杂的系统级功能（如处理器接口、网络连接等）。利用这些核可以显著缩短电路的设计时间并降低电路的复杂性，同时确保使用经过验证的组件提高设计的可靠性。

2.4 设计文件与开发编译

2.4.1 设计文件

丽湖霸下 BX2400 的前端 Verilog 设计代码存放在 content/rtl 目录中。可使用命令 ls 列出其中的文件和子目录。

```
[text@iceda content]$ pwd
/home/text/test/longxin20250312/content
[text@iceda content]$ ls
doc fpga rtl simu t tmp.txt
[text@iceda content]$ cd rtl/
[text@iceda rtl]$ ls
AMBA                    bx1soc_conf_spi.v config.h.bak    myCPU
APB_DEV                 bx1soc_mid.v      DFT             SDRAM_encrypt
bx1soc_axi2apb_dma.v    bx1soc_rcg.v      dma_define.h    SPI
bx1soc_axi_async_fifo.v bx1soc_top.sv     iobuf_helper.svh test.h
bx1soc_axi_subsys.v     bx1soc_uncore.v   lib_wrapper     tools.v
bx1soc_confreg.v        config.h          MAC_encrypt     USB
```

content/rtl 目录下的子目录如表 2-1 所示。

表 2-1　　　　　　　　　　　content/rtl 目录下的子目录

子目录	描述
myCPU	存放了 LoongArch32-Reduced（LA32R）指令集架构的处理器内核 LABX500 的文件
AMBA	存放了 AXI 总线的功能描述
APB_DEV	存放 APB 的描述方式以及挂载 APB 的设备
SDRAM_encrypt	存放通过 AXI 总线访问 SDRAM 的实现文件
MAC_encrypt	存放 MAC 的实现代码
SPI	存放 SPI 的实现代码
USB	存放 USB 接口的实现代码
lib_wrapper	存放由厂商提供的标准单元以及 RAM 模块
DFT	存放标签的接口文件和 MBIST 的相关文件

另外，content/rtl 目录下还放置了丽湖霸下 BX2400 的顶层设计文件，如表 2-2 所示。

表 2-2　　　　　　　　　　丽湖霸下 BX2400 的顶层设计文件

文件	描述
bx1soc_top.sv	SoC 的顶层文件，主要定义 CPU 内核和外围总线等的互连关系
bx1soc_conf_spi.v	定义 SPI 与 AXI 的互连关系
bx1soc_mid.v	定义外围设备与 AXI 的互连关系
bx1soc_axi2apb_dma.v	定义使用 DMA 连接到 AXI2APB 总线的方式
bx1soc_rcg.v	定义系统复位模式和复位过程
bx1soc_axi_async_fifo.v	定义 AXI 总线的异步 FIFO 缓冲器
bx1soc_axi_subsys.v	定义挂载 AXI 总线的设备连接关系
bx1soc_uncore.v	定义 lib_wrapper 提供的 PLL、RAM 等基本单元
tools.v	定义常见的逻辑运算
bx1soc_confreg.v	定义配置寄存器

2.4.2　编译

本小节介绍编译文件、编译平台和编译过程。

1. 编译文件

丽湖霸下 BX2400 的编译文件存放在 simu 文件夹下，路径为 content/simu。设计的验证仿真代码以及 RTL 的编译文件都在该目录下运行。使用 ls 命令可以列出该目录中的文件和子目录。

```
[text@iceda simu]$ ls
func  lib  run  sdioboot_func  testbench
```

func 文件夹存放系统从 SDRAM 启动的仿真验证代码、编译过程文件和编译的输出文件。

lib 文件夹存放编译需要链接的工艺库文件。

run 文件夹存放 RTL 代码编译配置文件和编译输出文件。

sdioboot_func 文件夹存放系统从 SDIO 接口的 SD 卡启动的仿真验证代码、编译过程文件和编译的输出文件。

testbench 文件夹存放丽湖霸下 BX2400 的外围模型，用于配合仿真验证。

2. 编译平台

func 文件夹下执行编译的 Makefile 文件主要指定交叉编译工具的位置、编译汇编文件（.s 文件）和生成的可执行的目标文件（.o 文件）。

使用 cd 命令进入 func 目录，使用 vi 命令打开 Makefile 文件。

```
cd func/
[text@iceda func]$ vi Makefile
```

Makefile 文件的内容如下。

```
GCC_DIR = /home/text/test/loongson-gnu-toolchain-8.3-x86_64-loongarch32r-linux-gnusf-v2.0
   //将其改为 loongson-gnu-toolchain-8.3-x86_64-loongarch32r-linux-gnusf-v2.0 文件所在位置,
   //此案例中为~/test/
CC = $(GCC_DIR)/bin/loongarch32r-linux-gnusf-gcc
LD = $(GCC_DIR)/bin/loongarch32r-linux-gnusf-ld
OBJCOPY = $(GCC_DIR)/bin/loongarch32r-linux-gnusf-objcopy
OBJDUMP = $(GCC_DIR)/bin/loongarch32r-linux-gnusf-objdump
...
```

注意，要将 GCC_DIR 变量的值改为龙芯编译器的安装目录。修改完成后使用:w 命令保存 Makefile 文件。

接下来，执行编译。

在当前目录下，先用 make clean 命令清除编译过程中产生的临时文件和输出文件，再用 make 命令进行编译。

```
[text@iceda func]$ make clean
rm -f *.o godson_test godson_test.bin *.s rom rom.bin godson_test.data convert *.vlog
[text@iceda func]$ make
```

编译过程如下。

```
[text@iceda func]$ make
/home/text/test/loongson-gnu-toolchain-8.3-x86_64-loongarch32r-linux-gnusf-v2.0/bin/l
oongarch32r-linux-gnusf-gcc -fno-builtin -nostdinc -nostdlib -g -c function.S -o
function.o
...
gcc -o convert convert.c
./convert
```

若没有错误提示，则表明编译成功。编译成功后，在 func 文件夹下将输出运行日志文件和编译后的文件。其中，.vlog 文件是运行日志文件，.o 文件是编译后的文件。使用 ls 命令列出相关文件。

```
[text@iceda func]$ ls
cacheops.h          godson_test.data    mac_test.o              pwm.o
common.c            godson_test.s       mac_test.S              pwm.S
common.h            gpio_test.o         Makefile                regdef.h
common.o            gpio_test.S         mem_test.o              rom
convert             hpi_test.o          mem_test.S              rom.bin
convert.c           hpi_test.S          module_for_gmac_0.vlog  sd_config.o
dma_test.o          i2c.o               module_for_gmac_1.vlog  sd_config.S
dma_test.S          i2c.S               module_for_gmac_2.vlog  sdio.o
flash.vlog          ld_rom.script       module_for_gmac_3.vlog  sdio.S
function.o          ld.script           module_sdram_16bit_0.vlog  serial.o
function.S          libc_s.a            module_sdram_16bit_1.vlog  serial.S
godson_test         ljtag.o             module_sdram_16bit_2.vlog
godson_test.bin     ljtag.S             module_sdram_16bit_3.vlog
```

如果系统从 SDIO 接口外接的 SD 卡启动，则需要编译 sdioboot_func（与编译 func 的步骤相同），具体过程如下。

首先，使用 cd 命令切换到 sdioboot_func 文件夹。

```
[text@iceda simu]$ cd sdioboot_func/
[text@iceda sdioboot_func]$
```

同样地，修改 Makefile 文件，将 GCC_DIR 变量的值改为龙芯编译器的安装目录。

```
GCC_DIR = /home/text/test/loongson-gnu-toolchain-8.3-x86_64-loongarch32r-linux-gnusf-v2.0
   //将其改为 loongson-gnu-toolchain-8.3-x86_64-loongarch32r-linux-gnusf-v2.0 文件所在位置，
   //此案例中为 ~/test/
...
```

接下来，执行编译。

先输入 make clean 命令，再输入 make 命令。

```
[text@iceda func]$ make clean
rm -f *.vlog *.o godson_test godson_test.bin *.s godson_test.data
[text@iceda func]$ make
```

编译过程如下。

```
[text@iceda sdioboot_func]$ make
/home/text/test/loongson-gnu-toolchain-8.3-x86_64-loongarch32r-linux-gnusf-v2.0/bin/l
oongarch32r-linux-gnusf-gcc -fno-builtin -nostdinc -nostdlib -g -c boot.S -o boot.o
...
gcc -o convert convert.c
./convert
```

若没有错误提示，则表明编译成功。编译成功后，在 sdioboot_func 目录下将输出运行日志文件和编译后的文件。其中，.vlog 文件是运行日志文件，.o 文件是编译后的文件。使用 ls 命令列出相关文件和子目录。

```
[text@iceda sdioboot_func]$ ls
boot.o      convert.c          flash.vlog      godson_test.s
boot.S      flash_32.vlog      godson_test     ld.script
cacheops.h  flash_8.vlog       godson_test.bin  Makefile
convert     flash_for_sdio.vlog godson_test.data regdef.h
```

3. 编译 RTL 代码

run 目录下执行编译的 Makefile 文件主要指定编译链接文件的位置（芯片的逻辑代码以及模拟的外围设备的代码位置）、仿真工具 VCS 和波形调试工具 Verdi。其中，编译链接文件的位置设置在 Makefile 调用的 compile 文件中。

丽湖霸下 BX2400 的 RTL 编译操作如下。

首先，使用 cd 命令切换到 run 目录。

```
[text@iceda simu]$ cd run/
[text@iceda run]$ pwd
/home/text/test/longxin20250312/content/simu/run
```

然后，为了进行编译前的准备工作，删除历史编译过程中的输出文件，执行如下命令。

```
make pre
make clear
```

最后，执行如下命令，进行工程编译。

```
make comp
```

VCS 编译后生成可执行的目标文件 simv.o。

2.4.3　仿真环境的使用

在执行完软件编译和 RTL 代码编译之后，执行 RTL 代码仿真。

执行 make run 命令或 make debug。这两条命令的区别是，make run 不生成调试的波形，而 make debug 生成调试的波形。

仿真的过程如图 2-28 所示。

```
reading ../func/module_for_gmac_0.vlog.
16 bit reading...
reading ../func/module_for_gmac_1.vlog.
16 bit reading...
reading ../func/module_for_gmac_2.vlog.
16 bit reading...
reading ../func/module_for_gmac_3.vlog.
16 bit reading...
[i2c_slave0]: stop condition detected at      229.0 ns
[i2c_slave1]: stop condition detected at      229.0 ns
[i2c_slave2]: stop condition detected at      229.0 ns
[i2c_slave3]: stop condition detected at      229.0 ns
[5870373.0 ns]:[uart0]: Serial0 init done
[11292130.0 ns]:[uart0]: D-Cache init start.
[56413118.0 ns]:[uart0]: D-Cache init OK!
[61790633.0 ns]:[uart0]: I-Cache init start.
[123783587.0 ns]:[uart0]: I-Cache init OK!
```

图 2-28　仿真的过程

以上步骤也可以通过 make all 或者 make alldbg 命令批量完成。这两条命令的区别是，make all

不生成调试的波形，而 make alldbg 生成调试的波形。

为了查看波形，首先，执行下面的命令，打开波形调试工具，如图 2-29 所示。

```
make verdi
```

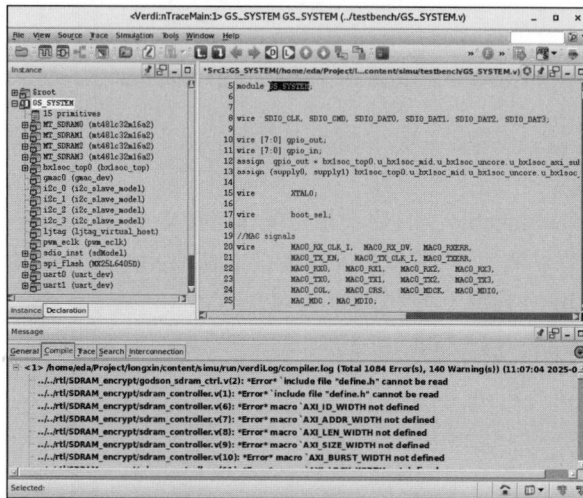

图 2-29　打开波形调试工具

单击按钮，如图 2-30 所示，新建波形。

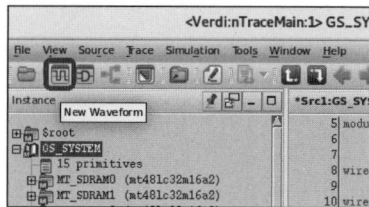

图 2-30　单击按钮

弹出新建波形的窗口，如图 2-31 所示。

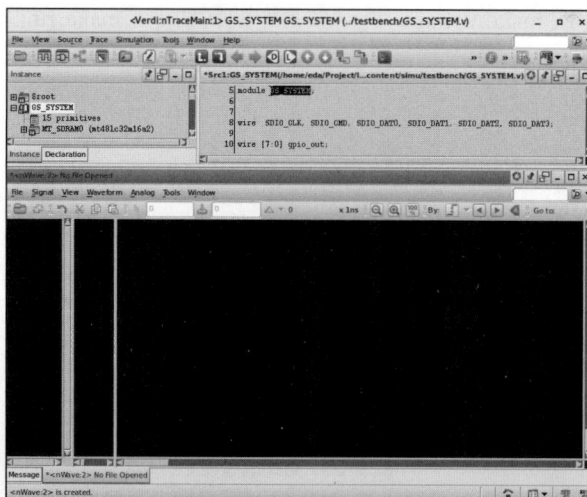

图 2-31　新建波形的窗口

在新建波形的窗口中，从菜单栏中选择 File→Open 命令，如图 2-32 所示。

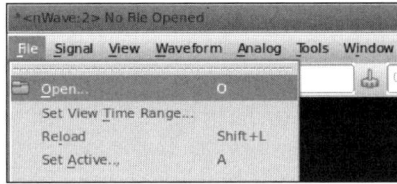

图 2-32　选择 File→Open

弹出的打开文件的窗口如图 2-33 所示。

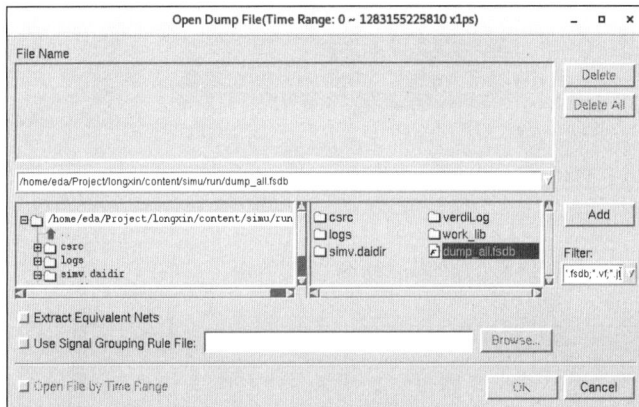

图 2-33　打开文件的窗口

双击 dump_all.fsdb 波形文件，进行加载，如图 2-34 所示。

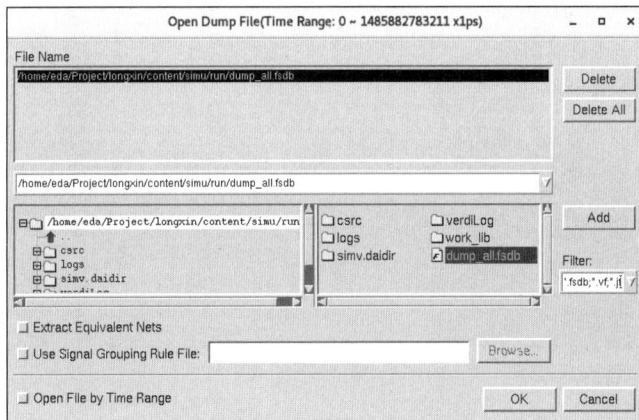

图 2-34　加载波形文件

接下来，单击 OK 按钮，在新建波形的窗口中，单击 🔄 按钮，如图 2-35 所示，获取信号。

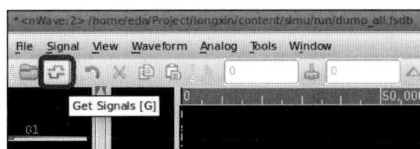

图 2-35　单击 🔄 按钮

在弹出的对话框中，选择要抓取波形的信号，如图 2-36 所示。

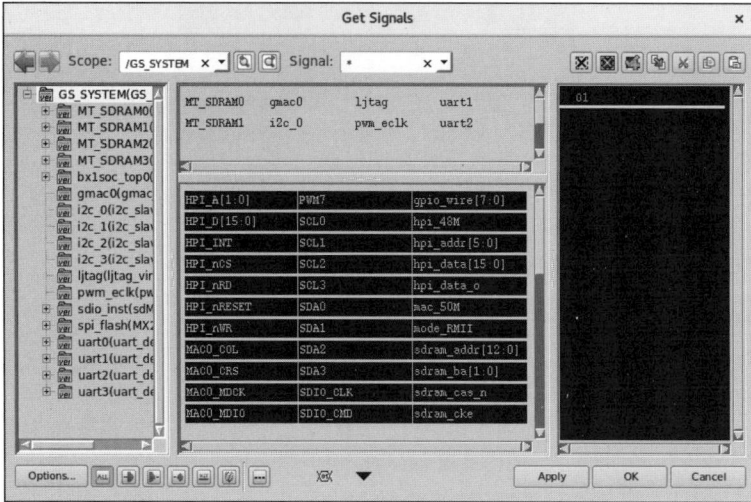

图 2-36　选择要抓取波形的信号

单击 OK 按钮，可以看到信号的波形，如图 2-37 所示。

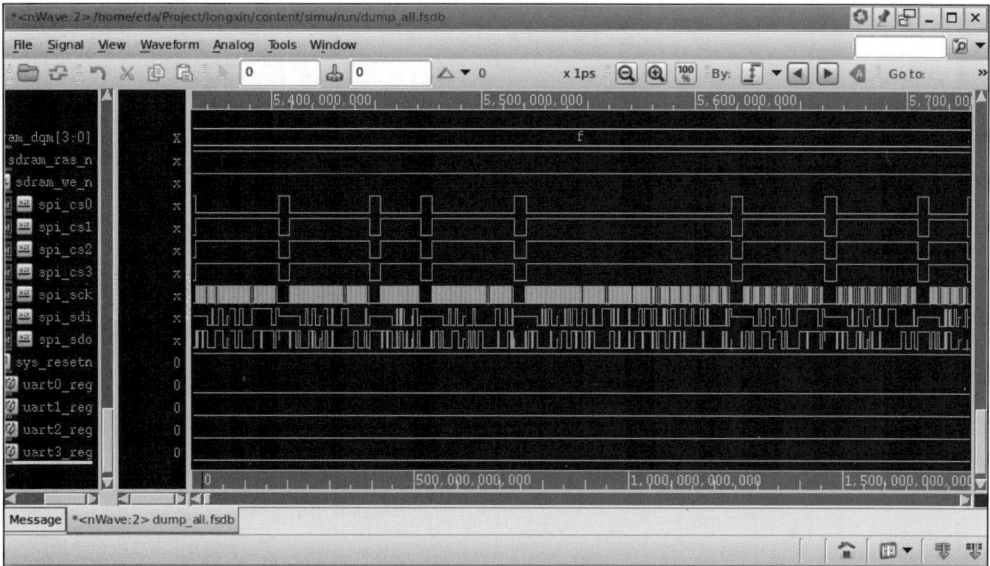

图 2-37　信号的波形

2.5　仿真验证与调试

2.5.1　逻辑验证

芯片验证是一个广泛的话题，验证内容主要包括功能验证、物理验证和时序验证等。本小节讨论的重点是功能验证，对被测设计（Design Under Test，DUT）的行为进行验证，以保证设计能够正确、完整地实现指定的功能。使用验证语言搭建测试平台是业界重要的验证手段。测试平台需要支持自动化机制来提高每个测试用例的功能覆盖率和缩短创建测试用例的时间。但是，搭建测试平台要考虑结构的复杂度和投入的研发时间。一方面，测试平台的搭建不应该成为芯片开发的制约因素；另一方面，一定程度上提高测试平台的复杂性可以缩短创建多个测试用例所消耗的时间，因此这是一个很难的抉择。功能验证关注设计的行为，几乎所有的功能验证都在 RTL 层级进行。在功能验证过程中，测试平台搭建在 DUT 的外部。它将生成的激励发送到 DUT 中，DUT 计算完毕后，测试平台采样 DUT 的输出，并验证计算结果是否正确。

在 Verilog HDL 中，通常采用测试平台进行仿真和验证。在仿真时，测试平台用来产生测试激励输入，同时检查 DUT 的输出是否与预期一致，从而达到验证设计功能的目的，如图 2-38 所示。

在测试平台中，例化 DUT 的顶层模块，并把测试行为的代码封装在内，直接给 DUT 提供测试激励。图 2-39 给出了基于测试平台的典型程序结构。

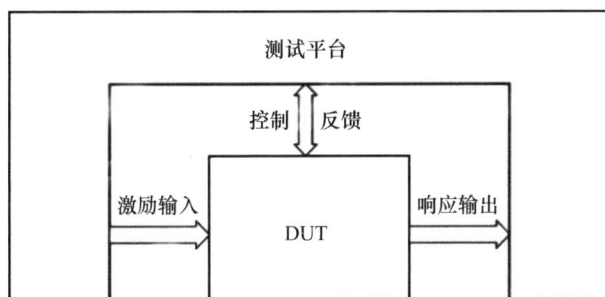

图 2-38　测试平台的结构

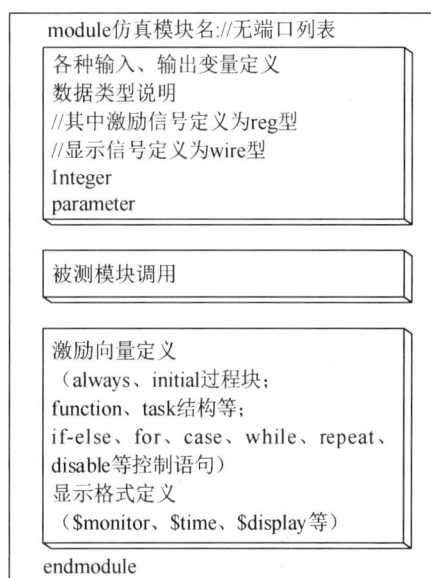

图 2-39　基于测试平台的典型程序结构

产生激励的方法有很多种，可以是直接的，也可以是随机的。如果激励是确定的输入，那么使用直接测试。如果激励是随机生成的，那么使用随机测试。在传统的测试平台中，产生激励的过程就是把二进制序列按照一定时间顺序送入 DUT 中。在高级的测试平台中，通过对激励和待验证架构进行分层设计和高层抽象建模，进行事务级的验证。更高级的测试平台可以根据用户指定的约束自动产生激励。

1. 验证流程

硬件设计的目的在于创建一个能够满足设计规范的设备，因此验证的目的不仅是寻找设计的错误和缺陷，更重要的是确保设计能够正确完成预定的任务，即该设计是对规范的一种准确表达。验证流程和设计流程并行进行。设计者阅读每个设计的硬件规范，解释自然语言描述的规范，然后按机器可读的形式（通常是 RTL 代码）创建对应的逻辑。为了完成这个过程，设计者需要知道输入格式、传输函数以及输出格式。设计文档中可能会存在表述不清或者前后矛盾的描述，所以解释过程中会有含混不清的地方。作为验证工程师，同样需要阅读硬件规范并建立验证计划，然后按照计划创建测试来检查 RTL 代码是否实现了所有的特性。验证工程师不仅要理解设计及其意图，还要考虑设计者没有想到的全部特殊测试案例。图 2-40 给出了基本的功能验证流程。

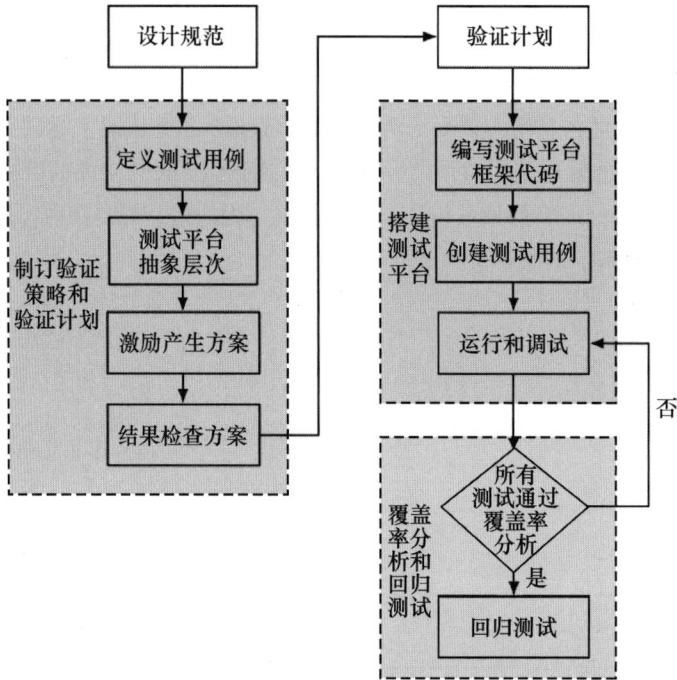

图 2-40　基本的功能验证流程

这个验证流程可以被分解成 3 个主要阶段——制订验证策略和验证计划、搭建测试平台、覆盖率分析和回归测试。这里验证策略的制订和验证计划的制订可以交互进行，在不同的阶段完成。不同的设计可能存在不同的验证流程，不存在一个对任何设计都最优的验证流程。

首先，制订验证策略和验证计划，这里主要涉及以下 3 个方面。

- 主要功能点和测试用例：复杂设计的测试空间是非常大的，可能有百万甚至上亿个需要测试的功能点。因此，第一步是将测试空间缩小到一个可以管理的范围，或者说一个有实际意义并且没有影响其期望功能的集合。针对这些功能点，根据具体情况，制订验证策略并设计测试用例，最后具体化到一个详细的、可执行的验证计划中，作为整个验证工作的指导。
- 测试平台的抽象层次：测试平台的抽象层次决定了它主要的处理对象，如比特流、数据包或者更高层次的事务对象。高层次的抽象建模可以让测试平台中低层次的功能自动化，同时创建测试用例和检查结果也会更加容易。
- 激励生成和结果检查原则：这些原则定义了输入测试平台的激励是如何提供的，响应是如何检查的，并判断测试是否通过。

然后，搭建测试平台，包括编写测试平台框架代码、创建测试用例以及运行和调试。在这个阶段，不断添加测试用例，持续扩展测试平台。测试平台的搭建以可重用为基本原则，而且能够方便地添加测试用例。

最后，实现覆盖率分析和回归测试。一旦全部测试用例可以成功运行，就进入验证阶段。覆盖率显示出该设计被测试的程度，是验证收敛的重要标准，覆盖率应该尽可能达到 100%。在这个阶段，对于随机测试，需要使用反馈，根据覆盖率，修改或者添加测试用例，以覆盖更多的盲区。带反馈和不带反馈的测试进度如图 2-41 所示。

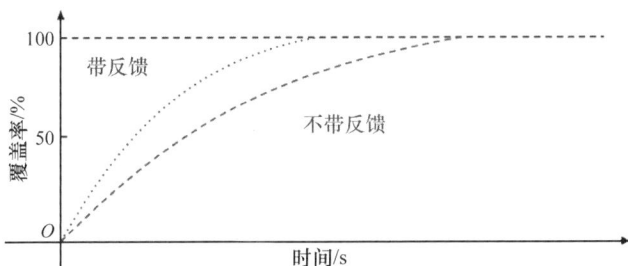

图 2-41　带反馈和不带反馈的测试进度

2. 验证语言和验证方法学

随着芯片规模的扩大，验证在整个芯片设计周期中的重要性更加明显，验证所花费的时间已经占整个 SoC 研发周期的 70%～80%。因此，提高芯片验证的效率变得至关重要。快速搭建一个强大、高效、可扩展、可复用的测试平台是芯片研发成功的关键。

随着验证技术的发展，出现了多种验证语言。基于 SystemVerilog 的验证方法学主要有以下 3 种。

- 验证方法学手册（Verification Methodology Manual，VMM）：由 Synopsys 公司推出，集成了寄存器解决方案——RAL（Register Abstraction Layer）。VMM 已经开源。
- 开放验证方法学（Open Verification Methodology，OVM）：由 Cadence 公司和 Mentor 公司推出的开源验证方法，引入了工厂（factory）机制，功能非常强大，但是 OVM 没有寄存器解决方案，这是它最大的缺陷。现在 OVM 已经停止更新，完全被 UVM 代替。
- 通用验证方法学（Universal Verification Methodology，UVM）：由 Accellera 公司推出，得到了 Synopsys 公司、Cadence 公司和 Mentor 公司的一致支持。UVM 几乎完全继承了 OVM，同时又采纳了 VMM 的 RAL 方案。

3. 测试平台的组成

测试平台的用途是确定 DUT 的正确性。测试包含下列步骤。

（1）产生不同类型的输入激励。

（2）将激励施加到 DUT 上。

（3）捕捉输出响应。

（4）检验功能正确性。

（5）核对验证计划的完成情况。

对于任何新型的验证方法学来讲，层次化测试平台都是一个关键的概念。虽然层次化似乎会使测试平台变得更复杂，但是它能够使测试平台的功能分离。读者可以使用 SystemVerilog 搭建一个类似于图 2-42 的标准层次化测试平台，平台内部使用高层级的事务级通信。

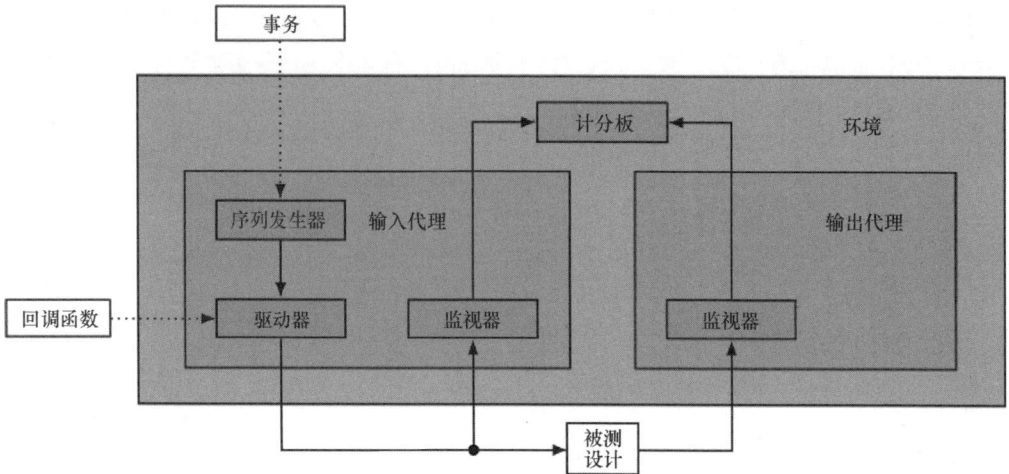

图 2-42　标准层次化测试平台

层次化测试平台涉及的组件如下。

- 事务（transaction）：随机变量及其约束被封装成事务类（数据类型），实例化的事务类被称为事务对象（变量）。测试平台中所有组件都使用事务对象通信。
- 序列发生器（sequencer）：以事务对象为模板产生一系列被约束的随机事务。
- 驱动器（driver）：将序列发生器产生的事务对象转换成电平值。
- 回调函数（callback function）：位于测试平台的外部，它会根据要求改变事务对象的内容（例如，注入错误），或统计产生了哪些事务（收集事务对象的覆盖率）。
- 监视器（monitor）：监视 DUT 的输入/输出端口，在合适的时间采样 DUT 的激励和响应。
- 输入代理（agent）/输出代理：驱动器和监视器的代码会高度相似，因为二者处理的是同一种数据通信协议，通常会将二者封装在一起，构成输入代理/输出代理。
- 计分板（scoreboard）：对设计输出结果和参考结果进行比对。对于复杂的设计，测试平台会使用 DUT 的参考模型（reference model）计算参考结果。
- 环境（environment）：一个容器，负责相关的验证组件的连接。

2.5.2　模块调试验证

这里以丽湖霸下 BX2400 的 I2C 模块调试为例介绍模块调试过程。I2C 模块在波形验证过程中的作用如图 2-43 所示。I2C 模块的测试代码（.S 文件）中的汇编指令通过编译器得到机器指令，机器指令被 SoC 的 CPU 内核读取后，根据指令，执行相关操作。以其中一条线 I2C0 为例，I2C0 发出的信号通过串行时钟线（Serial Clock Line，SCL）到达从设备，从设备接收信号并通过串行数据线（Serial Data Line，SDA）响应主设备（I2C0）。其中，数据线在主从设备之间的传输是双向的。

丽湖霸下 BX2400 中每个 I2C 控制器接口中有一系列控制寄存器。这些寄存器的地址为 I2C 控制器的基址加上内部的偏移量。

PRER（Prescaler Register，预分频寄存器）分为低位和高位两部分。偏移量分别为 0x00 和 0x02，用于存放 I2C 控制器的分频系数。由于 I2C 控制器的数据宽度是 8 位，因此需要使用两条指令来配置这组寄存器。PRER 高低位的信息如表 2-3 所示。

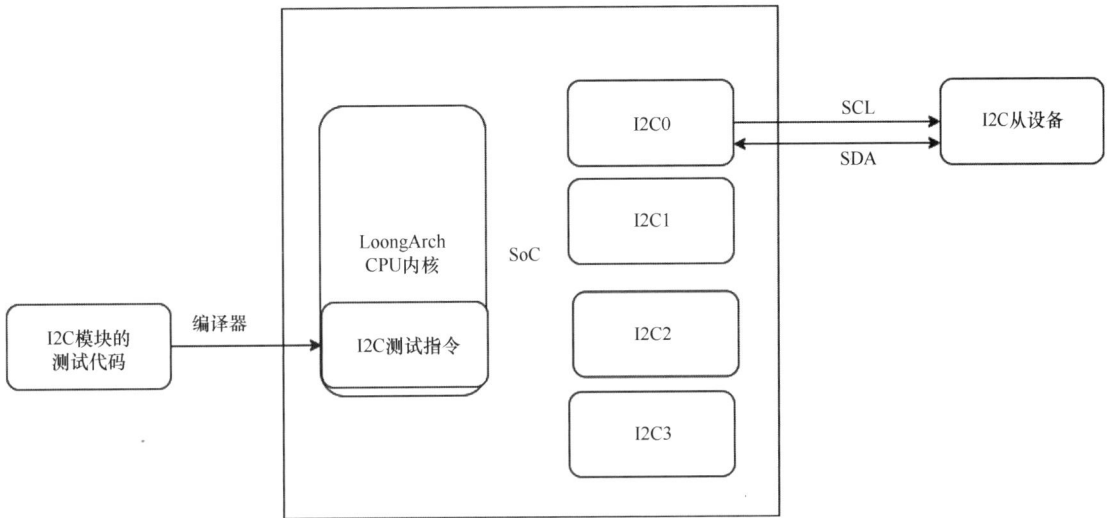

图 2-43　I2C 模块在波形验证过程中的作用

表 2-3　　　　　　　　　　　　　　PRER 高低位的信息

字段	位宽/位	偏移量	复位值
PRER_LO	8	0x00	0xff
PRER_HIGH	8	0x01	0xff

假设分频锁存器的值为 PRER，I2C 控制器的时钟为 clock_a，SCL 总线的输出频率为 clock_s（该时钟由用户需要和外部 I2C 设备的特性确定），则它们应满足如下关系。

$$PRER = clock\_a / (5clock\_s) - 1$$

CTR（Control Register，控制寄存器）用于配置 I2C 控制器的状态，偏移量为 0x02。CTR 的信息如表 2-4 所示。

表 2-4　　　　　　　　　　　　　　CTR 的信息

字段	位	复位值	描述
en	第 7 位	0	模块使能
ien	第 6 位	0	中断使能
master/slave	第 5 位	0	工作状态选择，0 对应 master 模式，1 对应 slave 模式

对 TXR（Transmit Register，发送寄存器）进行写操作时的偏移量为 0x03，对其进行读操作时的偏移量为 0x05。TXR 的信息如表 2-5 所示。

表 2-5　　　　　　　　　　　　　　TXR 的信息

字段	位	复位值	描述
en	第 7 位	0	模块使能
ien	第 6 位	0	中断使能
master/slave	第 5 位	0	工作状态选择，0 对应 master 模式，1 对应 slave 模式

只能读取 RXR（Receive Register，接收寄存器）的值，该寄存器的偏移量为 0x03。RXR 的信息如表 2-6 所示。

表 2-6   RXR 的信息

字段	位	复位值	描述
data	第 7～0 位	0	存放最后接收的一字节

只能读取 SR（State Register，状态寄存器）的值，该寄存器的偏移量为 0x04。SR 的信息如表 2-7 所示。

表 2-7   SR 的信息

字段	位	复位值	描述
rxack	第 7 位	0	收到应答位，0 表示收到应答
busy	第 6 位	0	I2C 总线的忙标志位，1 表示总线忙
al	第 5 位	0	当 I2C 核失去 I2C 总线的控制权时，该位置 1
tip	第 1 位	0	表示传输过程，1 表示正在传输，0 表示传输完成
if	第 0 位	0	中断标志位，一个数据传输完，或另一个数据发起传输，该位置 1

当向 CR（Command Register，命令寄存器）写入时，偏移量为 0x04；当读取该寄存器时，偏移量为 0x06。CR 的信息如表 2-8 所示。

表 2-8   CR 的信息

字段	位	复位值	描述
sta	第 7 位	0	产生 START 信号
sto	第 6 位	0	产生 STOP 信号
rd	第 5 位	0	产生读信号
wr	第 4 位	0	产生写信号
ack	第 3 位	0	产生应答信号
iack	第 0 位	0	产生中断应答信号

I2C 的测试代码位于 content/simu/func 下的 i2c.S 文件中。

i2c.S 文件主要向 I2C 设备发送数据，龙芯 SoC 的 I2C 主接口向 I2C 从设备（设备地址 0x10）的存储单元（地址 0x1）写入字节数据 0xA5，向存储单元（地址 0x2）写入字节数据 0x5A，再读出存储单元（地址 0x01）和存储单元（地址 0x2）的数据并与写入的数据进行比较。此外，代码可以对 4 个 I2C 接口进行上述测试，且采用相同的测试内容。

```
#include "regdef.h"
#define I2C0_BASEADDR  0xbfe58000
#define I2C1_BASEADDR  0xbfe68000
#define I2C2_BASEADDR  0xbfe70000
#define I2C3_BASEADDR  0xbfe74000
.global i2c_test
i2c_test:
    li.w    a2, I2C0_BASEADDR //将地址写入 a2 变量中
    li.w    a3, 0    //将数值 0 写入 a3 变量中
test_start:
    li.w    a1, 0xc8 //将 0xc8 写入变量 a1 中
    st.b    a1, a2, 0x0 //将 a1 中的数据写入 a2 地址处偏移量为 0 的寄存器中
    li.w    a1, 0x00 //将 0x00 写入 a1 中
    st.b    a1, a2, 0x1 //将 a1 中的数据写入 a2 地址处偏移量为 1 的寄存器中
```

```
        ld.b     a1, a2, 0x0   //将 a2 地址处偏移量为 0 的值加载到 a1 中
        andi     a1, a1, 0xff  //对 a1 的值与 0xff 执行逻辑与运算并将结果存储在 a1 中
        li.w     a0, 0xc8   //将 0xc8 写入 a0 中
        bne      a1,a0, i2c_panic   //比较 a1 和 a2 中的值，如果不相等，则跳转至语句 i2c_panic

        ld.b     a1, a2, 0x1   //将 a2 地址处偏移量为 1 的值加载到 a1 中
        andi     a1, a1, 0xff  //对 a1 和 0xff 执行按位与运算并将结果存储到 a1 中
        li.w     a0, 0x0   //将 0x0 写入 a0 中
        bne      a1,a0, i2c_panic   //比较 a1 和 a0 的值，若不相等，则跳转至语句 i2c_panic
...
i2c_wait:
        ld.b     a0, a2, 0x4
        andi     a0, a0, 0x2
        bne      zero, a0, i2c_wait   //等待数据传输完成

        li.w     a1, 0x1
        st.b     a1, a2, 0x3
        li.w     a1, 0x10
        st.b     a1, a2, 0x4
...
1:
        li.w     a2, I2C1_BASEADDR
        addi.w   a3, a3, 1
        b        test_start
2:
        li.w     a2, I2C2_BASEADDR
        addi.w   a3, a3, 1
        b        test_start
3:
        li.w     a2, I2C3_BASEADDR
        addi.w   a3, a3, 1
        b        test_start

i2c_panic:
        la.local a0,msg_i2c_panic
        bl       outputstring

.section rodata
.align 5
msg_i2c_panic:
        .ascii  "i2c test panic"
        .byte 0
.section rodata
.align 5
msg_i2c_panic:
        .ascii  "i2c test panic"
        .byte 0
```

下面进行模块编译仿真。首先，在 func 文件夹中编译代码，func 文件夹所在的位置为 content/simu/，使用 ls 命令列出其中的文件和子目录。

```
[text@iceda simu]$ pwd
/home/text/test/longxin20250312/content/simu
[text@iceda simu]$ ls
func lib run sdioboot_func testbench
```

然后，用 make clean 命令清理编译过程中产生的临时文件和输出文件，用 ls 命令列出 func 文件夹中的文件和子目录。其中有.S 文件和.c 文件，这些都是未编译的文件。

```
[text@iceda func]$ pwd
/home/text/test/longxin20250312/content/simu/func
```

```
[text@iceda func]$ make clean
rm -f *.o godson_test godson_test.bin *.s rom rom.bin godson_test.data convert *.vlog
[text@iceda func]$ ls
cacheops.h  dma_test.S   i2c.S         ljtag.S     pwm.S        serial.S
common.c    function.S   ld_rom.script mac_test.S  regdef.h
common.h    gpio_test.S  ld.script     Makefile    sd_config.S
convert.c   hpi_test.S   libc_s.a      mem_test.S  sdio.S
```

接下来，使用 make 命令进行编译。

```
[text@iceda func]$ make
/home/text/test/loongson-gnu-toolchain-8.3-x86_64-loongarch32r-linux-gnusf-v2.0/bin/l
oongarch32r-linux-gnusf-gcc  -fno-builtin  -nostdinc  -nostdlib  -g  -c  function.S  -o
function.o
…
/home/text/test/loongson-gnu-toolchain-8.3-x86_64-loongarch32r-linux-gnusf-v2.0/bin/l
oongarch32r-linux-gnusf-objdump -ald godson_test > godson_test.s
gcc -o convert convert.c
./convert
```

若没有错误提示，则编译成功。编译成功后，输出相关文件。使用 ls 命令列出相关文件和子目录。

```
[text@iceda func]$ ls
cacheops.h       godson_test.data  mac_test.o                 pwm.o
common.c         godson_test.s     mac_test.S                 pwm.S
common.h         gpio_test.o       Makefile                   regdef.h
common.o         gpio_test.S       mem_test.o                 rom
convert          hpi_test.o        mem_test.S                 rom.bin
convert.c        hpi_test.S        module_for_gmac_0.vlog     sd_config.o
dma_test.o       i2c.o             module_for_gmac_1.vlog     sd_config.S
dma_test.S       i2c.S             module_for_gmac_2.vlog     sdio.o
flash.vlog       ld_rom.script     module_for_gmac_3.vlog     sdio.S
function.o       ld.script         module_sdram_16bit_0.vlog  serial.o
function.S       libc_s.a          module_sdram_16bit_1.vlog  serial.S
godson_test      ljtag.o           module_sdram_16bit_2.vlog
godson_test.bin  ljtag.S           module_sdram_16bit_3.vlog
```

输出内容中的.o 文件为编译成功后的文件。进入 run 文件夹，输入命令 make alldbg 进行仿真。

```
[text@iceda run]$ pwd
/home/text/test/longxin20250312/content/simu/run
[text@iceda run]$ make alldbg
```

仿真结束后，若输出图 2-44 所示的结果，则表示仿真成功。

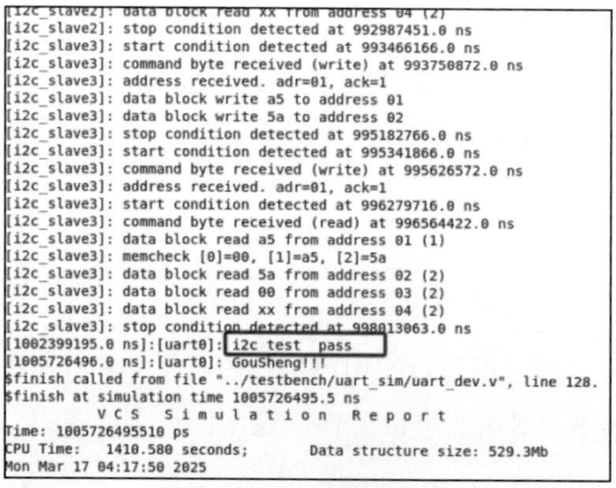

```
[i2c_slave2]: data block read xx from address 04 (2)
[i2c_slave2]: stop condition detected at 992987451.0 ns
[i2c_slave3]: start condition detected at 993466166.0 ns
[i2c_slave3]: command byte received (write) at 993750872.0 ns
[i2c_slave3]: address received. adr=01, ack=1
[i2c_slave3]: data block write a5 to address 01
[i2c_slave3]: data block write 5a to address 02
[i2c_slave3]: stop condition detected at 995182766.0 ns
[i2c_slave3]: start condition detected at 995341866.0 ns
[i2c_slave3]: command byte received (write) at 995626572.0 ns
[i2c_slave3]: address received. adr=01, ack=1
[i2c_slave3]: start condition detected at 996279716.0 ns
[i2c_slave3]: command byte received (read) at 996564422.0 ns
[i2c_slave3]: data block read a5 from address 01 (1)
[i2c_slave3]: memcheck [0]=00, [1]=a5, [2]=5a
[i2c_slave3]: data block read 5a from address 02 (2)
[i2c_slave3]: data block read 00 from address 03 (2)
[i2c_slave3]: data block read xx from address 04 (2)
[i2c_slave3]: stop condition detected at 998013063.0 ns
[1002399195.0 ns]:[uart0]: i2c test  pass
[1005726496.0 ns]:[uart0]: GouSheng!!!
$finish called from file "../testbench/uart_sim/uart_dev.v", line 128.
$finish at simulation time 1005726495.5 ns
          V C S   S i m u l a t i o n   R e p o r t
Time: 1005726495510 ps
CPU Time:    1410.580 seconds;       Data structure size: 529.3Mb
Mon Mar 17 04:17:50 2025
```

图 2-44 仿真成功

仿真结束后生成波形文件 dump_all.fsdb。输入 make verdi 命令，打开波形调试工具。

```
[text@iceda run]$ make verdi
```

先选择 GS_SYSTEM→i2c_0(i2c_slave)，再依次选择 scl 和 sda，如图 2-45 所示。

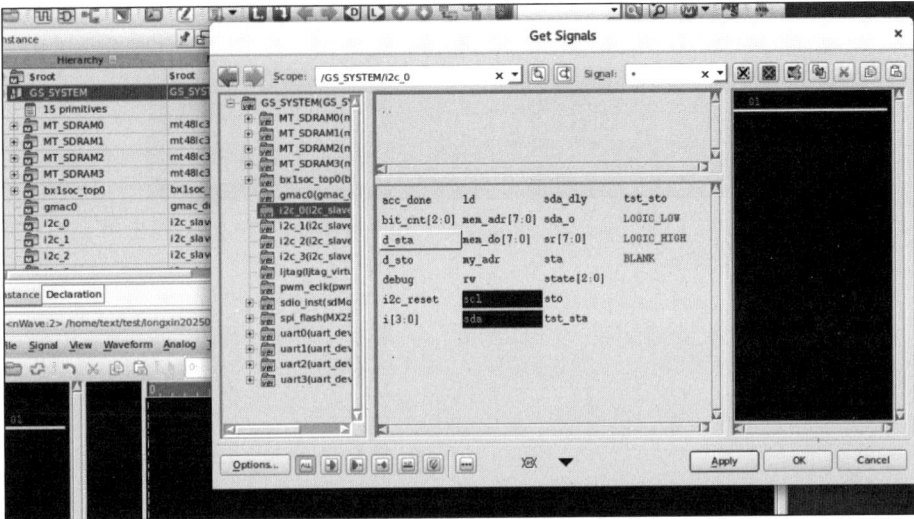

图 2-45　选择 GS_SYSTEM→i2c_0(i2c_slave)

共有 4 组 I2C 模块，每组 I2C 模块都有一对 SCL 与 SDA 信号，一共需查看 8 个信号的波形。SCL 与 SDA 信号的波形如图 2-46 所示。

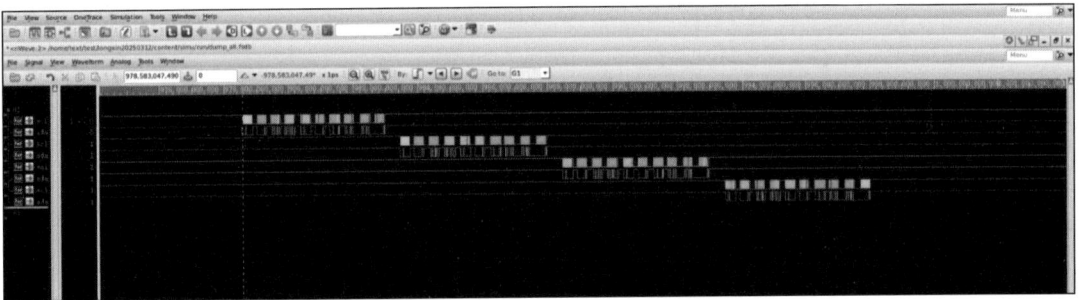

图 2-46　SCL 与 SDA 信号的波形

当 I2C 模块对存储单元进行读写操作时，SCL 和 SDA 的信号波形应满足图 2-47 所示的波形图，这里不详细介绍 I2C 模块的协议规范。

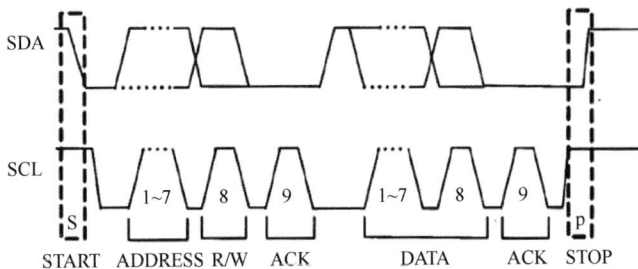

图 2-47　I2C 模块协议定义的 SCL 与 SDA 信号波形

结合时序图将仿真出来的 I2C 波形放大，分析其中的波形，如图 2-48 所示。图 2-48 中上方的波形为 SCL 信号，下方的波形为 SDA 信号。SDA 信号置 1，在 SCL 下降沿时刻开始数据传输。第 1 组的波形传输存储单元内的设备地址 00100000。第 2 组的波形传输存储单元内存储的地址 00000001。第 3 组的波形传输写入的数据。除去最后的 ACK（应答）位，所得到的数据为 10100101，也就是 0xA5，和测试代码所输入的一致。至此，I2C 模块的调试验证完成。

图 2-48　一组 SCL 与 SDA 信号波形

第 3 章　逻 辑 综 合

3.1　引言

逻辑综合（logic synthesis）是将电路的行为级描述，特别是寄存器传输级（Register Transfer Level，RTL）描述转换为满足功能、时序和面积要求的门级网表的过程。例如，VHDL、Verilog 代码综合就属于逻辑综合。

按照流程，逻辑综合通常可分为面向应用的专用集成电路（Application-Specific Integrated Circuit，ASIC）综合和可编程逻辑器件（Programmable Logic Device，PLD）综合。

ASIC 泛指需要进行芯片投片的数字集成电路，PLD 中较常用的是现场可编程门阵列（Field Programmable Gate Array，FPGA）。ASIC 综合以设计 ASIC 的流程为依托，分为前端和后端设计逻辑综合，是前端设计和后端设计的衔接部分。设计者可给出综合使用的元件库工艺和综合约束条件。使用逻辑综合器编译和优化，生成门级网表文件。网表文件用于后端设计的输入。

PLD 综合以应用 PLD 流程为依托。由于应用 PLD 流程通常预定了目标 PLD，目标 PLD 的物理特性对于 PLD 综合器而言是已知的，因此设计者只需给出综合约束条件，PLD 综合与后面的布局布线就可以整合在一个完整的设计流程中。

逻辑综合过程大致包括 3 个阶段——翻译（translation）、逻辑优化（logic optimization）、工艺映射（technology mapping）或门映射（gate mapping）。

对于复杂项目，逻辑综合过程还包括高阶 RTL 优化和工艺映射后优化。

在翻译阶段，将寄存器传输级描述转换为不含工艺信息的通用门级网表，包括词法分析、语法分析、语义分析、中间表示优化、网表生成、网表优化等。

在逻辑优化阶段，对通用网表进行简化，包括优化通用网表的节点个数、逻辑层级、开关活动性等。高阶 RTL 优化还包括对通用网表的典型电路和运算符进行优化。

在工艺映射阶段，将优化后的门级逻辑电路映射到具体的工艺库，这个过程涉及将门级逻辑电路映射到由制造商提供的工艺库上，与具体的工艺库相匹配，从而满足制造过程中的各种约束条件。工艺映射的准确性直接影响芯片的性能和成本，因此在进行工艺映射时需要仔细选择合适的工艺库，并进行详细的优化和分析。

本节介绍在数字集成电路的逻辑综合过程中使用的工具和流程。

3.1.1 逻辑综合工具

逻辑综合工具包括 Design Compiler（DC）、Genus，以及 Synplify、Synplify Pro 和 Synplify Premier。

在数字集成电路设计领域，主要使用 Design Compiler。

Design Compiler 是一个功能强大的逻辑综合工具，根据设计规范和约束，提供最佳的门级综合网表。除了高层次综合能力，Design Compiler 还具有静态时序分析（Static Timing Analysis，STA）引擎，并提供 FPGA 综合和链接到布局的解决方案。Design Compiler 是 Synopsys 综合工具的命令行接口，通过在 Linux 命令行输入 dc_shell 或 dc_shell-t 来调用。dc_shell 是基于 Synopsys 语言的原有格式，而 dc_shell-t 使用的是标准 TCL（Tool Command Language，工具命令语言）。Design Vision（DV）是 Design Compiler 的图形化前端版本，通过输入 design_vision 启动，Design Vision 也支持电路原理图的生成，并且通过点对点突出显示关键路径。

3.1.2 逻辑综合流程

逻辑综合的基本流程包括准备输入数据、配置综合约束与策略、执行逻辑综合和输出文件。工程师准备好数据文件后，配置逻辑综合工具，由工具自动完成综合过程并输出门级网表文件，如图 3-1 所示。

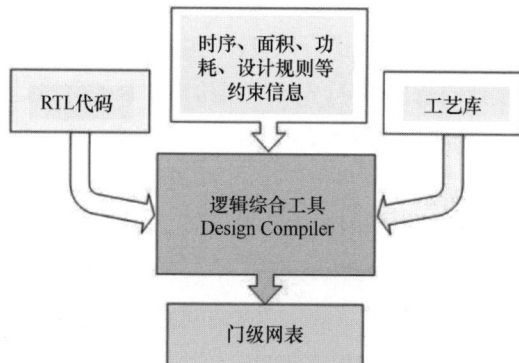

图 3-1　逻辑综合

本小节结合 Design Compiler 介绍逻辑综合的主要步骤。

1. 准备输入数据

逻辑综合的输入数据包括 RTL 代码、工艺库文件等。RTL 代码即完成逻辑设计后输出的.v 文件，描述了设计的所有功能。工艺库则是物理设计中用到的可制造的电路和逻辑单元的规则定义。工艺库的核心内容如下。

- 单元信息：不仅包括标准单元（如反相器、触发器、逻辑门等）的物理参数，如引脚定义、面积、逻辑功能描述等，还包括时序模型、建立时间/保持时间约束（针对时序单元）、输出转换时间，以及功耗模型（如动态功耗与静态功耗的量化参数）。
- 设计规则约束：包括最大/最小电容、扇出（fan-out）、信号转换时间等物理限制条件，确保电路符合制造工艺的要求。

- 连线负载模型：包括定义不同线长下的电阻、电容及面积参数，用于估算互连延时（在早期的综合阶段，当无物理布局信息时使用）。
- 工作环境：包括工艺（process）、电压（voltage）、温度（temperature）的 PVT 组合参数，影响时序分析的缩放比例等。工艺库的文件扩展名为.lib（可读的工艺库文本格式，包含完整的工艺参数描述）和.db（Synopsys 专用的二进制格式，由.lib 文件通过 Library Compiler 工具编译生成，供 Design Compiler 直接调用）。

单元信息在 EDA 工具中定义为标准单元库，包括物理库、时序库等，是集成电路物理设计过程中的基础部分。调用预先完成设计并进行优化的库单元，进行自动逻辑综合和版图布局布线，可以极大地提高设计效率，加快产品进入市场的速度。因此，有实力的集成电路设计公司及晶圆厂都倾向于采用自己的标准单元库，建立一套与工艺线相对应的内容丰富、设计合理且参数正确的单元库来完成芯片的设计与制造。

随着集成电路工艺技术的迅速发展，SoC 的规模越来越大，设计也越来越复杂。尽可能使用已验证的可重复使用的 IP 库是缩短设计周期、保证设计一次成功、降低 SoC 成本的关键。标准单元库是 IP 库中最基本的一种，是集成电路设计的基础，对设计的性能、功耗、面积和成品率至关重要。

物理库考虑上下游协同，不同 EDA 厂家之间可以采用通用格式文件来进行数据交换。Cadence 公司定义了库交换格式（Library Exchange Format，LEF）文件来描述集成电路中元器件的物理信息，LEF 文件是对标准单元版图的物理描述，也是布局布线工具需要用到的重要文件。

LEF 文件一般分为技术 LEF 文件和标准单元 LEF 文件，它通常通过定义版图轮廓中每个折点的坐标对版图进行物理描述。

技术 LEF 文件的主要内容是布局布线的设计规则检查（Design Rule Check，DRC）和晶圆厂的工艺信息，如互连线的最小间距、最小厚度、最小宽度、电容、电阻和电流密度，以及过孔类型和走线轨道的宽度等。

标准单元 LEF 文件主要定义库中各类单元的物理信息，如单元的摆放区域、面积和对称性，这些在布局的时候需要用到，而在布线的时候需要用到单元的 I/O 端口的布线层号、禁止布线区域、几何形状和天线效应等工艺参数。除 Cadence 公司外，其他 EDA 厂家有自定义的物理库文件结构。例如，Synopsys 公司采用 Milkyway 格式的物理库，在物理库内部采用视图定义各类元器件的信息，并采用同样的 Milkyway 库文件格式定义用户的数字后端项目。

时序库的文件信息是数字集成电路设计中最重要且使用频率最高的库信息。逻辑综合、静态时序分析等关键环节都离不开时序库的支持，一般常用的格式是时序库格式（liberty library format），文件扩展名是.lib，是由 Synopsys 公司开发的专门用于描述物理单元的时序和功耗信息的关键库文件。

时序库主要描述标准单元的如下信息。

- 单元延时模型：描述标准单元（如逻辑门、触发器）的输入到输出信号的传输延时，包含上升沿/下降沿延时、输出转换时间等参数，通常基于查找表（Look-Up Table，LUT）或多项式建模。
- 时序约束模型：包括建立时间与保持时间，定义时序单元（如触发器）对时钟和数据信号的时间要求，恢复时间与移除时间，针对异步复位/置位信号的时序约束。

- 环境依赖参数：支持 PVT 条件的动态调整，如工艺角决定延时缩放比例等。

为了确保数据的精准度，时序库通常采用一种非线性的 LUT 格式，例如，一个单元的延时以及功耗是以输入信号的转换时间和输出信号的负载电容（load capacitance）作为输入参数的二维函数，所以针对每一组输入转换和输出负载都能在表中查到这个单元的延时值。一个完整的查找表通常有一维、二维和三维等形式，分别对应不同数量自变量的函数关系。此外，采用 Synopsys 公司的复合电流源模型（Composite Current Source Model，CCSM）、Cadence 公司的有效电流源模型（Effective Current Source Model，ECSM）生成的库不仅在纳米级工艺下的时序比较精确，还包含单元的噪声信息。库文件的内容比较多，一般情况下有两部分内容，即时序库的基本属性和每个单元的具体信息。

2. 配置逻辑综合约束与策略

逻辑综合约束包括功耗约束、设计规则约束、时序约束和面积约束等。根据集成电路的应用和产品设计目标，配置时序优先、面积优先或功耗优先等类似的优化策略。

首先，设置功耗约束。

- 使用 set_operating_conditions 设置工作条件。
- 使用 set_wire_load_model 设置连线负载模型。
- 使用 set_drive 或 set_driving_cell 设置驱动强度。
- 使用 set_load 或 set_fanout_load 设置电容负载。

然后，设置设计规则约束。

- 使用 set_max_fanout 设置最大扇出。
- 使用 set_max_transition 设置最长转换时间。
- 使用 set_max_capacitance 设置最大电容。

接下来，设置时序约束。

- 使用 create_clock 定义时钟信号。
- 使用 set_clock_latency 设置时钟网络传输延迟。
- 使用 set_clock_uncertainty 设置时钟信号的不确定值。
- 使用 create_generated_clock 生成时钟。
- 使用 set_input_delay 设置输入延时，使用 set_output_delay 设置输出延时。

接下来，设置面积约束。

- 使用 set_false_path 设置虚假路径。
- 使用 set_multicycle_path 设置多周期路径。

最后，设置综合优化策略。

- 分层约束策略：主要思考模块级优化和跨时钟域处理，对关键模块（如 CPU 内核）设置更严格的时序约束（频率提升 10%），对非关键模块（如低速接口）放宽约束以节省面积，通过 set_clock_groups 隔离异步时钟域，减小跨域路径的时序收敛压力等。
- 时序收敛优化：主要思考关键路径重映射和时钟树综合预瞄，如采用 compile_ultra 的高级算法自动替换高驱动单元（如 BUFX16）或插入缓冲器平衡负载；通过 set_clock_tree_options 定义时钟缓冲器类型与级数，降低后期的时钟偏差风险。

- 多场景约束管理：主要包括测试模式优化和功耗模式切换，如为扫描链和内建自测试电路定义独立约束（如降低测试时钟的频率），减少功能模式与测试模式的冲突；针对低功耗设计，添加 set_power_constraints，定义电源关断区域与电压域切换时序。
- 约束优先级控制：包括通过 set_cost_priority 定义时序/面积/功耗的优化权重（在高性能场景下，时序的权重最高，面积的权重次之，功耗的权重最低），对关键路径使用 group_path 分组，提升局部优化强度等。

引入迭代验证机制，综合后通过 report_constraint -all_violators 检查违规路径，结合 report_timing 分析延时瓶颈（如逻辑级数超标或负载过大），采用增量编译对局部模块调整约束，降低全局重综合的时间成本。

3. 执行逻辑综合和输出文件

逻辑综合是衔接逻辑设计和物理设计的环节，需要确保工艺库版本（.db/.lib）与综合工具的版本兼容，避免模型解析错误；同时门级网表与 SDC（Synopsys Design Constraint，Synopsys 设计约束）要同步更新，避免时序约束与逻辑结构不匹配等问题，以确保后续的物理设计符合设计要求。

逻辑综合的输出文件主要包括面积、时序、功耗以及输出的网表和其他工具需要的文件。

门级网表（gate-level netlist）描述 RTL 代码映射到工艺库标准单元后的逻辑连接关系，是后端物理设计的输入基础，文件扩展名为.v 或.ddc。.v 表示标准 Verilog 格式，其通用性强，但仅包含逻辑连接信息；.ddc 表示 Synopsys 专用的二进制格式，集成网表、时序约束和物理属性，支持增量编译和设计复用。

常见的时序约束文件为 SDC 文件和 SDF 文件。SDC 文件包含时钟定义、时序异常、环境约束等，供物理实现工具（如 IC Compiler）和签核工具（如 PrimeTime）使用，SDF 文件记录单元延时与互连线延时，用于在后仿真中验证时序的准确性。

常见的设计数据文件为 DDC（Design Database Container，设计数据库容器）文件和 DEF（Design Exchange Format，设计交换格式）文件。DDC 文件保存综合后的完整设计数据，包括优化后的网表、约束和物理布局预瞄信息（在拓扑模式下生成）；DEF 文件在物理设计阶段传递布局布线信息，要结合工艺库的物理规则进行生成。

其他辅助文件包括综合报告、日志文件（.log）等。综合报告 report_timing 包括关键路径时序分析结果，如路径延时、逻辑级数和负载参数；report_area 包括模块总和和全局面积统计信息，是优化策略的量化依据。日志文件记录综合过程中的警告、错误和优化状态，用于调试流程问题。

3.2　逻辑综合的实现过程

本节介绍丽湖霸下 BX2400 的逻辑综合的实现过程。

3.2.1　准备输入文件

逻辑综合的输入文件主要包括 RTL 文件和工艺库文件。

1. RTL 文件

RTL 文件（rtl_list.vcs）的存放位置为主目录下的 IMPORT 目录。该文件为逻辑设计完成后的 RTL 代码列表。可以使用 vi 命令打开该文件，其内容如下所示，部分内容省略。

```
../../../content/rtl
../../../content/rtl/myCPU
../../../content/rtl/APB_DEV/include
../../../content/rtl/APB_DEV/SDIO_encrypt
../../../content/rtl/SDRAM_encrypt
../../../content/rtl/MAC_encrypt
../../../content/rtl/config.h
../../../content/rtl/iobuf_helper.svh
../../../content/rtl/bx1soc_top.sv
../../../content/rtl/bx1soc_mid.v
../../../content/rtl/bx1soc_uncore.v
../../../content/rtl/bx1soc_axi2apb_dma.v
../../../content/rtl/bx1soc_axi_subsys.v
../../../content/rtl/bx1soc_confreg.v
../../../content/rtl/bx1soc_conf_spi.v
../../../content/rtl/bx1soc_rcg.v
../../../content/rtl/bx1soc_axi_async_fifo.v
...
```

使用 EDA 工具读入列表后，可根据列表内的路径读入 RTL 代码。

2. 工艺库文件

在 seed.tcl 工艺库文件中，先进行综合阶段的选项设置，再对目标库以及链接库的变量进行设置，相关代码如下。

```
set var(syn,target_libs) "$env(G_WORKSPACE)/pdk/20241008_180257/SCC013UG_HD_RVT_V0p1/
synopsys/1.2v/scc013ug_hd_rvt_tt_v1p2_25c_basic.db"
set var(syn,link_libs)"$env(G_WORKSPACE)/pdk/20241008_180156/SP013D3_V1p7/syn/SP013D3_
V1p6_typ.db \
$env(G_WORKSPACE)/pdk/20241008_180156/S013PLLFN_V1.5.2/Lib/S013PLLFN_v1.5.1_typ_20130
3SP2.db \
$env(G_WORKSPACE)/pdk/20241008_180257/S013LLLPSP/v0p2_CDK/ramtmp/ram_rf1shd_256x22/
ram_rf1shd_256x22_tt_1.2_25.0_syn.db \
$env(G_WORKSPACE)/pdk/20241008_180257/S013LLLPSP/v0p2_CDK/ramtmp/ram_rf1shd_wm_256x32
/ram_rf1shd_wm_256x32_tt_1.2_25.0_syn.db \
$env(G_WORKSPACE)/pdk/20241008_180257/S013LLLPSP/v0p2_CDK/ramtmp/ram_rf1shd_256x32/
ram_rf1shd_256x32_tt_1.2_25.0_syn.db \
$env(G_WORKSPACE)/pdk/20241008_180257/S013LLLPDP/v0p2_CDK/ramtmp/ram_rf2shd_512x32/
ram_rf2shd_512x32_tt_1.2_25.0_syn.db"
```

其中，scc013ug_hd_rvt_tt_v1p2_25c_basic.db 为 SMIC 130 nm 的 PDK 标准单元库，SP013D3_V1p6_typ.db 为 I/O 库，S013PLLFN_v1.5.1_typ_201303SP2.db 为 PLL 库，名称以 ram 开头的.db 文件为 Memory Compiler 生成的 RAM 库。

3.2.2 准备脚本

1. run.csh 脚本

run.csh 脚本位于 FLOW_INVS/00_SYN/RUN 目录下。其主要作用为创建 WORK[NUM+1]并执行 SYNTHESIS_DC.run.sh，在 RUN 文件夹下生成 SYNTHESIS_DC.WORK[NUM+1].run.log 文件。

进入该文件夹，使用 ll 命令就可以列出文件的详细信息。

```
[text@iceda RUN]$ pwd
/home/text/test/longxin_test/FLOW_INVS/00_SYN/RUN
[text@iceda RUN]$ ll
total 4
-rwxr-xr-x 1 text text 674 May  5 2024 run.csh
```

使用 vi 命令打开 run.csh，其内容如下所示。

```
#!/bin/csh -f

set mWork='SYNTHESIS_DC'
set runDir='basename $PWD'

if(${?G_WORKSPACE} && ${runDir} == 'RUN') then
    set workDir='$G_WORKSPACE/SETUP/libs/lsNumberedWorkDir .. WORK'
else
    set cond0='expr ${runDir} : WORK\[0-9]\[0-9]$'
    if(${?G_WORKSPACE} && $cond0 == 6) then
    set workDir=${runDir}
else
    echo "Error: PanGu environment is not set here ..."
    exit 1
    endif
endif

rm -f ../WORK && \    //&&表示逻辑与，只有成功执行第一条命令，才会执行第二条命令
mkdir -p ../${workDir} && \
touch ../${workDir}/${mWork}.run.log && \
ln -fs ../${workDir}/${mWork}.run.log ./${mWork}.${workDir}.run.log && \
cd .. && ln -fs ./${workDir} ./WORK && \
cd $workDir && \
  //执行 SCRIPTS 目录中的${mWork}.run.sh 文件并在当前目录下生成${mWork}.run.log 日志文件
../SCRIPTS/${mWork}.run.sh |& tee -a ./${mWork}.run.log
```

2. SYNTHESIS_DC.run.sh 脚本

SYNTHESIS_DC.run.sh 脚本位于 FLOW_INVS/00_SYN/SCRIPTS 目录中。SYNTHESIS_DC.run.sh 脚本用于启动 Design Compiler 工具并执行 SYNTHESIS_DC.tcl 脚本。进入 FLOW_INVS/00_SYN/SCRIPTS 目录，输入 ll 命令就可以列出文件的详细信息。

```
[text@iceda SCRIPTS]$ pwd
/home/text/test/longxin20240904/FLOW_INVS/00_SYN/SCRIPTS
[text@iceda SCRIPTS]$ ll
total 328
-rw-r--r-- 1 text text 305270 Oct 28 04:04 command.log
drwxr-xr-x 2 text text     98 Oct 28 04:04 exports
drwxr-xr-x 2 text text     28 Oct 28 04:04 outputs
drwxr-xr-x 2 text text     76 Oct 28 04:04 reports
-rw-r--r-- 1 text text    898 Jun  3 2024 synopsys_dc.setup
-rw-r--r-- 1 text text   2453 Jun  3 2024 synopsys_dc_var.tcl
-rwxr-xr-x 1 text text    350 Jun  3 2024 SYNTHESIS_DC.run.sh
-rw-r--r-- 1 text text  12885 Jun  3 2024 SYNTHESIS_DC.tcl
drwxr-xr-x 2 text text      6 Oct 28 04:04 WORK
```

使用 vi 命令打开 SYNTHESIS_DC.run.sh 文件，其内容如下所示。

```
#!/bin/sh -eux

//复制 SCRIRTS 目录下的 synopsys_dc.setup 文件到 IMPORT 目录中
cp ../SCRIPTS/synopsys_dc.setup .synopsys_dc.setup
//使用 dc_shell 命令打开脚本
dc_shell-xg-t -x "source ../SCRIPTS/SYNTHESIS_DC.tcl"
```

3. SYNTHESIS_DC.tcl 脚本

SYNTHESIS_DC.tcl 脚本位于 FLOW_INVS/00_SYN/SCRIPTS 目录中。该脚本用于完成时钟门控插入及综合过程。输出的网表、SVF 文件、DDC 文件等存放于 WORK/outputs 目录下，生成的时序、面积、功耗等报告文件存放在 WORK/reports 目录下。

此脚本是理解逻辑综合过程的重要脚本。下面将对该脚本进行详细解释。

以下代码将 LSTcfg 变量转换为 g_variable 变量组，有助于在不同 EDA 工具或阶段之间传递或同步变量值。

```
set g_design_name $env(G_DESIGN_NAME)   //定义设计名
set g_task_name   syn
source $env(G_WORKSPACE)/SETUP/seed.tcl  //加载 EDA 工具
set_app_var target_library $var(syn,target_libs)   //设置综合目标库
set_app_var  link_library  [concat  "*"  $var(syn,target_libs)  $var(syn,link_libs)
$synthetic_library]
puts "END   set_gconfig: [date] - cputime [cputime] - HOST: [info hostname] - MEMORY: [mem]"
```

以下代码设置 CPU 的最大内核数并报告。

```
set_host_options -max_cores $var(common,cpu_num)
set disable_multicore_resource_checks true
report_host_options
```

以下代码导入 RTL 代码，生成.svf 文件等。

```
set_app_var hdlin_preserve_sequential all
set_svf ${g_rptdir}/outputs/${g_design_name}.svf
define_design_lib WORK -path ${g_rptdir}/WORK

set synInputExt [file extension $var(syn,design_import_file)]   //导入 RTL 代码
switch -exact $synInputExt {        //判断 design_import_file 的文件格式
    ".vcs" {
        set_app_var hdlin_auto_save_templates true
        set T_DC_VERILOG_LIST ""
        set fp [open $var(syn,design_import_file) "r"]
        while { [gets $fp line]>=0 } {
            lappend T_DC_VERILOG_LIST $line
        }
        foreach onefile $T_DC_VERILOG_LIST {
        if { [file isdirectory $onefile] } {
            lappend search_path $onefile
        }   else {
                lappend search_path [file dirname $onefile] ;
        }
                }
```

```
    //分析指定的 HDL 源文件，并将其中定义的设计模板存入指定的库中
    analyze -f sverilog $T_DC_VERILOG_LIST
    close $fp ;
    //建立一个设计
    elaborate ${g_design_name}
    set_app_var hdlin_auto_save_templates false
    }
    ".ddc" {
        read_ddc $var(syn,design_import_file)  //读入一个或多个.ddc 设计文件
    }
    ".tcl" {
        source $var(syn,design_import_file)
    }
    default {
        echo "Error: Unrecognized synthesis input file type $var(syn,design_import_
        file), so exit..." ;
        echo "Supported input file extensions are one of .vcs, .ddc, .tcl ..."
        exit 1
    }
}
```

以下代码导入当前设计并设置链接的状态。链接是确保设计在逻辑综合前完整且准备好进行下一步处理的关键步骤。

```
current_design ${g_design_name}
set status [link]
if { !$status && !$var(common,continue_on_link_error) } {
    puts stdout "##########################"
    puts stdout "ERROR: COMMAND link FAILED"
    puts stdout "##########################"
    redirect ../RUN/run_info.rpt -append {
    echo "SYN dc_shell script prematurely exited because link failed."
    }
    exit 1
}

if { [info exists var(syn,postscript_link_design)] } {
    source $var(syn,postscript_link_design)
}

//将一个设计网表或者示意图从内存中写入文件
write -f ddc -hier -o ${g_rptdir}/outputs/${g_design_name}_link.ddc
```

以下代码设置避免使用的单元。为了避免使用可能会引起时序问题的单元或者满足特定的要求，会对 PDK 库中某些不合适的单元进行屏蔽。

```
source ../SCRIPTS/synopsys_dc_var.tcl  //加载 EDA 工具的设置
set all_dontuse_cells ""
foreach xpattern $var(common,user_dont_use) {
    set all_refs ""
    //返回设计列表或者库对象列表的某个属性的值
    foreach aRef [lsort -unique [get_attr -quiet [get_lib_cells -quiet $xpattern] name]] {
if { $aRef ni $all_dontuse_cells } {    //检查 aRef 变量是否在后面的变量中
        lappend all_refs $aRef ;
        lappend all_dontuse_cells $aRef
        }
    }
    if { [llength $all_refs]>0 } {    //llength 用于返回列表长度
        set num_refs [llength $all_refs]
```

```
        foreach aRef $all_refs {
            set fRefs [get_attr [get_lib_cells */$aRef] full_name]
            foreach sRef $fRefs {
            //设置库单元、模块以及实现的 dont_use 属性
            set_dont_use $sRef    }
        }
    }
}
set num_dontuse_cells  [llength $all_dontuse_cells]
echo "Info: total $num_dontuse_cells dont use cells"
set all_userneed_cells ""
foreach xpattern $var(common,user_need_use) {
    set all_refs ""
    //对属性值进行排序，并去除重复项
    foreach aRef [lsort -unique [get_attr -quiet [get_lib_cells -quiet $xpattern] name]] {
    set_dont_use $aRef false ;
    lappend all_userneed_cells $aRef
    }
}
set num_userneed_cells  [llength $all_userneed_cells]
echo "Info: total $num_userneed_cells user needed cells"
```

以下代码对设计进行实例唯一化处理，作用是确保设计中子模块实例和子模块的定义一一对应。消除一个模块被多次引用的问题不仅确保了设计的物理实现的正确性，还提高了设计的优化效率和质量。

```
current_design ${g_design_name}
if { ${var(syn,uniquify_force)} } {
    set_app_var uniquify_naming_style ${var(common,design_nickname)}_%s_%d
    uniquify -force
}
```

以下代码加载时序约束。这是一个关键的步骤，它将设计的性能要求和时序规则从外部文件（如 SDF、SDC 格式的文件等）导入 EDA 工具中。时序约束指定电路的性能要求，包括时钟周期、建立时间、保持时间等。正确加载和应用时序约束对实现高性能的数字设计至关重要。

```
current_design ${g_design_name}

set synInputExt [file extension $var(syn,syn_timingcons_file)]
switch -exact $synInputExt {
    ".tcl" { source $var(syn,syn_timingcons_file) }
    ".sdc" { read_sdc $var(syn,syn_timingcons_file) }
    default {
        echo "Error: Unrecognized constraints file type $var(syn,syn_timingcons_file) ..."
        echo "Supported constraints files are one of .sdc, .tcl ..."
    }}
```

以下代码用于完成手动插入时钟门控的设计步骤，该技术在数字电路设计中用于降低功耗。它通过在不需要时钟信号的逻辑部分关闭逻辑信号、减少不必要的时钟切换降低功耗。该过程较复杂，需要综合考虑功耗、时序和电路功能。在设计中，根据实际情况，考虑是否需要使用该技术，并仔细规划和实施时钟门控策略。

```
if { [info exists var(syn,prescript_presyn_clockgating)] } {
    source $var(syn,prescript_presyn_clockgating)
}
current_design ${g_design_name}
if { $var(syn,enable_clockgating_insertion) } {
```

```
    set_attr [get_lib_cells $var(global,clock_gating_lib)/$var(global,clock_gating_
    cell)] dont_use false
    set_clock_gating_style \
    -sequential_cell latch \
    -positive_edge_logic { integrated:$var(global,clock_gating_lib)/$var(global,clock_
    gating_cell) } \
    -control_point before \
    -control_signal scan_enable \
    -minimum_bitwidth $var(global,clock_gating_minbw) \
    -max_fanout $var(global,clock_gating_maxbw)

    set power_cg_gated_clock_net_naming_style "%c_cg_clock_%d"  //设置门控时钟网线的命名样式
    set power_cg_cell_naming_style "%c_cg_clock_%d"  //设置门控时钟单元的命名样式

    insert_clock_gating
    //报告工具的时钟门控细节
    report_clock_gating -verbose -ungated -gating_elements -nosplit -multi_stage
    propagate_constraints -gate_clock    //从层次化设计的底层向当前设计传播时序约束

    set_attr [get_lib_cells $var(global,clock_gating_lib)/$var(global,clock_gating_
    cell)] dont_use true

  }
puts "END presyn_clockgating: [date] - cputime [cputime] - HOST: [info hostname] - MEMORY:
[mem]"
```

以下代码输出变量的值以进行检查。

```
current_design ${g_design_name}
printvar * //输出单个或多个变量的值
```

以下代码在综合之前检查时序。这一步非常重要，可以发现和解决潜在的时序问题，从而避免在后续的设计阶段出现更加复杂的问题。

```
current_design ${g_design_name}
eval check_timing    //检查在当前设计中可能存在的时序问题
```

以下代码主要对 compile_ultra 命令进行设置。

```
current_design ${g_design_name}
    if { [info exists var(syn,prescript_compile_ultra)] } {
        source $var(syn,prescript_compile_ultra)
    }
//设置当前设计或一个设计列表的 fix_multiple_port_nets 属性为一个固定值
set_fix_multiple_port_nets -all -buffer_constants
//设置当前设计的 auto_disable_drc_nets 属性,使指定的网表禁用 DRC
set_auto_disable_drc_nets -on_clock_network true -constant false
echo "Information: all register before synthesis is [sizeof_col [all_registers]]"
eval "compile_ultra $var(syn,compile_options)" //对当前设计进行编译
echo "Information: all register after synthesis is [sizeof_col [all_registers]]"
```

以下代码对设计中的模块、信号、端口等元素进行重命名，以满足特定的设计要求和优化目标。若在集成多个模块设计时出现名称冲突，进行这一步不仅可以确保每个元素的名称在整个设计中是唯一的，还可以提高代码的可读性和可维护性。这一步通常是由后端工程师在综合和优化之后完成的，以确保设计在布局和验证阶段之前是清晰与优化的。

```
if { ${var(syn,uniquify_force)} } {
    set non_rename_design [get_designs -filter "full_name!~${g_design_name} and
    full_name!~${var(common,design_nickname)}_* and undefined(ilm_cell_area) and
    undefined (ilm_total_area)"]
    //筛选不满足条件的设计列表
    if { [sizeof_col $non_rename_design]>0 } { rename_design $non_rename_design -prefix
    ${var(common,design_nickname)}_}
    //重命名筛选出来的不满足条件的设计列表，为设计设置一个前缀
    unset -nocomplain non_rename_design
    //删除变量名
    current_design ${g_design_name}
    link
}
```

以下代码将设计的数据、布局、时序等信息写入文件中，以便进行下一步的分析、验证和存放，同时确保数据的完整性和可传递性。

```
set_app_var verilogout_no_tri true
set_fix_multiple_port_nets -all -buffer_constants
change_name -rule verilog -hier  //重命名设计中的端口、单元和网络等

write -f verilog -hier -o ${g_rptdir}/outputs/${g_design_name}.v
write -f ddc -hier -o ${g_rptdir}/outputs/${g_design_name}.ddc
redirect ${g_rptdir}/reports/${g_design_name}.max.rpt   { report_timing -max_paths
$var(common,rpt_maxpaths) -sig 6 -delay max -path full_clock }  //显示设计的时序信息
//显示当前设计的结果质量信息和统计数据
redirect ${g_rptdir}/reports/${g_design_name}.qor    { report_qor }
//计算并报告当前设计或实例的动态或静态电源
redirect ${g_rptdir}/reports/${g_design_name}.pwr    { report_power }
//显示当前设计或实例的面积信息
redirect -append ${g_rptdir}/reports/${g_design_name}.qor  {report_area ; report_area
-hier}
set_svf -off //关闭 SVF 文件的读取和执行


//创建一个名称由 linkName 指定的链接，使目标指向当前文件系统中存在的某个对象，并返回目标
file link -symbolic ${g_rptdir}/exports/${g_design_name}.v
${g_rptdir}/outputs/${g_design_name}.v
file link -symbolic ${g_rptdir}/exports/${g_design_name}.ddc ${g_rptdir}/outputs/
${g_design_name}.ddc
file link -symbolic ${g_rptdir}/exports/${g_design_name}.qor ${g_rptdir}/reports/
${g_design_name}.qor
file link -symbolic ${g_rptdir}/exports/${g_design_name}.pwr ${g_rptdir}/reports/
${g_design_name}.pwr
file link -symbolic ${g_rptdir}/exports/${g_design_name}.max.rpt ${g_rptdir}/reports/
${g_design_name}.max.rpt
file link -symbolic ${g_rptdir}/exports/${g_design_name}.svf ${g_rptdir}/outputs/
${g_design_name}.svf
```

4. 工具设置脚本

工具设置脚本包括 synopsys_dc.setup 和 synopsys_dc_var.tcl。

synopsys_dc.setup 脚本位于 FLOW_INVS/00_SYN/SCRIPTS 目录下。该脚本主要控制 Design Compiler 工具的选项定义，使用默认设置即可。其代码如下。

```
set_app_var enable_page_mode false
```

```
set_app_var synthetic_library "$synopsys_root/libraries/syn/dw_foundation.sldb"

set g_rptdir [pwd]    //将 g_rptdir 变量的路径设置为当前路径
file mkdir ${g_rptdir}/outputs
file mkdir ${g_rptdir}/reports        //在当前路径下创建 reports 文件
file mkdir ${g_rptdir}/exports
puts "################################"
puts "START setup: [date] - cputime [cputime] - HOST: [info hostname] - MEMORY: [mem]"
set hdlin_while_loop_iterations 50000  //设置 while 循环的次数

set_app_var symbol_library "generic.sdb"

 //输出时序报告
alias rpt report_timing -cap -trans -input -net -sig 4 -nosplit
puts "END  setup: [date] - cputime [cputime] - HOST: [info hostname] - MEMORY: [mem]"
```

synopsys_dc_var.tcl 脚本位于 FLOW_INVS/00_SYN/SCRIPTS 目录下。其代码如下，主要对布局（包括边界、时钟、线网和寄存器等）进行设置。

```
set_app_var compile_register_replication false
set_app_var compile_enable_register_merging false
set_app_var compile_delete_unloaded_sequential_cells true
set_app_var compile_enable_constant_propagation_with_no_boundary_opt true
set_app_var compile_optimize_unloaded_seq_logic_with_no_bound_opt true
set_app_var compile_seqmap_propagate_constants_size_only true
set_app_var timing_enable_multiple_clocks_per_reg true
set_app_var case_analysis_with_logic_constants true
set_app_var enable_recovery_removal_arcs true

set_fix_multiple_port_nets -all -buffer_constants [all_designs]
set_auto_disable_drc_nets -constant false

set_app_var case_analysis_with_logic_constants true
set_app_var disable_auto_time_borrow true
set_app_var ignore_clock_input_delay_for_skew true
set_app_var allow_input_delay_min_greater_than_max true
set_app_var timing_enable_multiple_clocks_per_reg true
set_app_var enable_recovery_removal_arcs true
set_app_var timing_use_enhanced_capacitance_modeling true
#set_app_var high_fanout_net_threshold 0
set_app_var timing_edge_specific_source_latency true
set_app_var timing_enable_non_sequential_checks true
#set_app_var timing_clock_gating_propagate_enable true
set_app_var timing_use_clock_specific_transition false
set_app_var rc_degrade_min_slew_when_rd_less_than_rnet true
set_app_var timing_gclock_source_network_num_master_registers 1000000

if {[sizeof_collection [all_clocks]]>0} {
    set_clock_gating_check -setup 0 [all_clocks]
    set_clock_gating_check -hold  0 [all_clocks]
}
```

3.2.3　执行逻辑综合

逻辑综合步骤在 FLOW_INVS/00_SYN/RUN 目录下执行。进入 RUN 目录，使用 ll 命令列出文件的详细信息。

```
[text@iceda RUN]$ pwd
/home/text/test/longxin_test/FLOW_INVS/00_SYN/RUN
```

```
[text@iceda RUN]$ ll
total 4
-rwxr-xr-x 1 text text 674 May  5 2024 run.csh
```

在命令行中，输入./run.csh 命令，执行该文件，便可以启动 EDA 工具，执行设计的逻辑综合代码。

```
[text@iceda RUN]$pwd
/home/text/test/longxin20240904/FLOW_INVS/00_SYN/RUN
[text@iceda RUN]$ ./run.csh
```

EDA 工具执行 SYNTHESIS_DC.tcl 脚本中的命令，部分运行过程如下。

```
Running PRESTO HDLC
Presto compilation completed successfully. (bx1soc_top)
Elaborated 1 design.
Current design is now 'bx1soc_top'.
Information: Building the design 'bx1soc_mid'. (HDL-193)
Inferred memory devices in process
    in routine bx1soc_mid line 238 in file
              '../../../content/rtl/bx1soc_mid.v'.
===============================================================================
|   Register Name    |   Type    | Width | Bus | MB | AR | AS | SR | SS | ST |
===============================================================================
| ljtag_prrst_r_reg  | Flip-flop |   2   |  Y  |  N |  N |  N |  N |  N |  N |
===============================================================================
Presto compilation completed successfully. (bx1soc_mid)
Information: Building the design 'mycpu_top'. (HDL-193)
Inferred memory devices in process
    in routine mycpu_top line 99 in file
    '../../../content/rtl/myCPU/mycpu_top.v'.
===============================================================================
|   Register Name    |   Type    | Width | Bus | MB | AR | AS | SR | SS | ST |
===============================================================================
|    reset_f_reg     | Flip-flop |   1   |  N  |  N |  N |  N |  N |  N |  N |
===============================================================================
```

最终的运行结果如下。

```
UNC0_CLOCKCHAIN_DFD0_CLOCKCHAIN_MBIST0_MBISTCLK_OO_2) from [-1:0] to [1:2].
Shift port bus (mbist_clk_o) on (bx1soc_TESTCLK_GEN_OCC_DEF0_CLOCKCHAIN_OCC1_CLOCKCHAIN_
FUNC0_CLOCKCHAIN_DFD0_CLOCKCHAIN_MBIST0_MBISTCLK_OO_2) from [-1:0] to [1:2].
Warning: The specified replacement character (_) is conflicting with the specified allowed
or restricted character.   (UCN-4)
Warning: In the design bx1soc_testpad_module_0, net 'scan_in_uncore_burnin' is connecting
multiple ports. (UCN-1)
Warning: In the design bx1soc_testpad_module_0, net 'scan_in_core_burnin' is connecting
multiple ports. (UCN-1)
Warning: In the design bx1soc_axi2apb_bridge_0, net 'apb_clk' is connecting multiple ports.
(UCN-1)
Writing verilog file '/home/text/test/longxin20240904/FLOW_INVS/00_SYN/WORK00/outputs/
bx1soc_top.v'.
Warning: Verilog 'assign' or 'tran' statements are written out. (VO-4)
Writing ddc file '/home/text/test/longxin20240904/FLOW_INVS/00_SYN/WORK00/outputs/bx1soc_
top.ddc'.
END  write_results: Mon Dec 16 22:02:40 2024 - cputime 7476 - HOST: iceda.xinhuo.com -
MEMORY: 1808156

Thank you...
```

```
[text@iceda RUN]$
[text@iceda RUN]$
[text@iceda RUN]$
```

3.2.4　查看输出文件

逻辑综合的输出文件主要包含日志文件、.ddc 文件、.svf 文件、.v 文件、综合报告文件和过程文件。

1.　日志文件

SYNTHESIS_DC.WORK00.run.log 为运行时输出的日志文件，输出位置为 FLOW_INVS/00_SYN/RUN 目录。因为该文件记录了运行过程中的问题，所以文件内容与运行时窗口中的记录一样。

由于该文件的内容比较长，因此可以使用 grep 命令查找想要的信息，格式为 grep　[查找内容] [目标文件]。

例如，使用 grep 命令查找日志文件中的 Warning。

```
[text@iceda RUN]$ grep Warning ./SYNTHESIS_DC.WORK00.run.log
Warning: You requested 16 cores. However, the host iceda only has 8 available cores. The
tool will ignore the request and use -max_cores 8. (UIO-230)
Warning: ../../../content/rtl/bx1soc_mid.v:294: the undeclared symbol 'test_compress'
assumed to have the default net type, which is 'wire'. (VER-936)
Warning: ../../../content/rtl/bx1soc_mid.v:295: the undeclared symbol 'scan_en' assumed
to have the default net type, which is 'wire'. (VER-936)
Warning: ../../../content/rtl/bx1soc_mid.v:299: the undeclared symbol 'scan_out_core_
burnin' assumed to have the default net type, which is 'wire'. (VER-936)
Warning: ../../../content/rtl/bx1soc_mid.v:300: the undeclared symbol 'scan_in_core_
burnin' assumed to have the default net type, which is 'wire'. (VER-936)
Warning: ../../../content/rtl/bx1soc_mid.v:301: the undeclared symbol 'burnin_mode'
assumed to have the default net type, which is 'wire'. (VER-936)
Warning: ../../../content/rtl/bx1soc_mid.v:303: the undeclared symbol 'bist_clk_cpu'
assumed to have the default net type, which is 'wire'. (VER-936)
Warning: ../../../content/rtl/bx1soc_mid.v:304: the undeclared symbol 'tap_tck' assumed
to have the default net type, which is 'wire'. (VER-936)
Warning: ../../../content/rtl/bx1soc_mid.v:306: the undeclared symbol 'serial_in_bist_
cpu' assumed to have the default net type, which is 'wire'. (VER-936)
Warning: ../../../content/rtl/bx1soc_mid.v:307: the undeclared symbol 'serial_out_bist_
cpu' assumed to have the default net type, which is 'wire'. (VER-936)
```

报告中的 Warning 根据内容进行处理，部分 Warning 可以忽略。

2.　.ddc 文件、.svf 文件和.v 文件

bx1soc_top.ddc、bx1soc_top_link.ddc 文件的输出位置为 FLOW_INVS/00_SYN/WORK00/outputs 目录。使用 ls 命令可以列出其中的文件和子目录。

```
[text@iceda outputs]$ pwd
/home/text/test/longxin20240904/FLOW_INVS/00_SYN/WORK00/outputs
[text@iceda outputs]$ ls
bx1soc_top.ddc  bx1soc_top_link.ddc  bx1soc_top.svf  bx1soc_top.v
```

bx1soc_top.ddc 文件由逻辑综合工具 Design Compiler 生成，包含 RTL 代码转换后的门级网表、时序约束文件（如.sdc 文件）和扫描链定义文件（如.scan_def.def 文件）。除了时序约束外，该文件还包含基本的布局物理信息。它用于在不同 EDA 工具之间传递设计数据，包括设计的结构和时序

信息。在进行一次综合后，可以在后端完成一个初步的物理信息布局，再进行综合，这样生成的.ddc文件中的时序信息会更准确，并且与后端的一致性更好。

bx1soc_top_link.ddc 文件包含设计中的链接库信息。而链接库通常包含一些保密的 IP 核，它们以.db 文件的形式存在，在链接操作后，把结果保存为_link.ddc 文件，这样可以节省下一次运行的时间。

.svf 文件是在 Design Compiler 的综合过程中产生的文件，用于记录 Design Compiler 工具对网表产生的一些变化。bxlsoc_top.svf 文件确保后续的 RTL 代码和门级网表之间的逻辑一致性。.svf文件用于使形式验证工具完成表面逻辑的验证，确保在导入 RTL 代码和 Design Compiler 综合后的门级网表前后逻辑的一致性。当使用 EDA 工具（如 Design Compiler）对设计进行综合时，它会记录相关信息，包括基本环境信息、寄存器复制、寄存器相位反转、模块拆分和边界优化等操作的信息。这些信息会被记录到.svf 文件中，随后供 Formality 工具进行验证。

bxlsoc_top.v 文件为综合出来的门级网表文件，是后端一个很重要的文件。在布局布线中，会使用该文件调用库中的标准单元以进行版图绘制。使用 vi 命令打开该文件，其内容如下。

```
module bx1soc_SNPS_CLOCK_GATE_HIGH_bx1soc_ljtag_ibp_one_entry_3_4 (CLK, EN,
ENCLK, TE);
input CLK, EN, TE;
output ENCLK;

CLKLANQHDV1 latch (.CK(CLK), .E(EN), .TE(TE), .Q(ENCLK));
endmodule

module bx1soc_SNPS_CLOCK_GATE_HIGH_bx1soc_ljtag_ibp_one_entry_3_0 (CLK, EN,
ENCLK, TE );
input CLK, EN, TE;
output ENCLK;

CLKLANQHDV1 latch (.CK(CLK), .E(EN), .TE(TE), .Q(ENCLK));
endmodule

module bx1soc_SNPS_CLOCK_GATE_HIGH_bx1soc_ljtag_ibp_one_entry_3_1 (CLK, EN,
ENCLK, TE);
input CLK, EN, TE;
output ENCLK;

CLKLANQHDV1 latch (.CK(CLK), .E(EN), .TE(TE), .Q(ENCLK));
endmodule

module bx1soc_SNPS_CLOCK_GATE_HIGH_bx1soc_ljtag_ibp_one_entry_3_2 (CLK, EN,
ENCLK, TE);
input CLK, EN, TE;
output ENCLK;

CLKLANQHDV1 latch (.CK(CLK), .E(EN), .TE(TE), .Q(ENCLK));
endmodule
```

该文件的内容较长，这里只截取开头的部分，可以看到综合出来的文件包括 bx1soc_SNPS_CLOCK_GATE_HIGH_bx1soc_ljtag_ibp_one_entry_3_4 等模块，这些模块由标准单元库中的标准单元构成。

3. 综合报告文件

综合报告文件包括 bx1soc_top.max.rpt、bx1soc_top.pwr、bx1soc_top.qor，是综合完成后生成的报告，里面包括时序、高扇出以及时钟引脚等信息。使用 vi 命令打开 bx1soc_top.max.rpt 文件，这里只截取前面的部分。

```
Information: Updating design information... (UID-85)
Warning: Design 'bx1soc_top' contains 27 high-fanout nets. A fanout number of 1000 will
be used for delay calculations involving these nets. (TIM-134)
Information: There are 37671 clock pins driven by multiple clocks, and some of them are
driven by up-to 3 clocks. (TIM-099)


****************************************
Report : timing
       -path full_clock
       -delay max
       -max_paths 1000
Design : bx1soc_top
Version: P-2019.03-SP5-1
Date   : Mon Dec 16 22:02:14 2024
****************************************


# A fanout number of 1000 was used for high fanout net computations.
```

可以看出，该设计包括 27 条高扇出的网线，以及多个时钟驱动的 37671 个时钟引脚。

bx1soc_top.pwr 文件为与电源管理相关的文件，包含芯片或电路在不同工作状态下的功耗信息，这些信息可以帮助工程师优化设计。使用 vi 命令打开该文件，其内容如下。

```
Information: Propagating switching activity (low effort zero delay simulation). (PWR-6)
Warning: Design has unannotated primary inputs. (PWR-414)
Warning: Design has unannotated sequential cell outputs. (PWR-415)
Warning: Design has unannotated black box outputs. (PWR-428)


****************************************
Report : power
       -analysis_effort low
Design : bx1soc_top
Version: P-2019.03-SP5-1
Date   : Mon Dec 16 22:02:37 2024
****************************************


Library(s) Used:

  scc013ug_hd_rvt_tt_v1p2_25c_basic (File: /home/text/test/longxin20240904/pdk/20241008_
  180257/SCC013UG_HD_RVT_V0p1/synopsys/1.2v/scc013ug_hd_rvt_tt_v1p2_25c_basic.db)
  SP013D3_V1p6_typ (File: /home/text/test/longxin20240904/pdk/20241008_180156/SP013D3_
  V1p7/syn/SP013D3_V1p6_typ.db)
  ram_rf1shd_256x32_TT_1.5_25 (File: /home/text/test/longxin20240904/pdk/20241008_180257/
  S013LLLPSP/v0p2_CDK/ramtmp/ram_rf1shd_256x32/ram_rf1shd_256x32_tt_1.2_25.0_syn.db)
  ram_rf2shd_512x32_TT_1.5_25 (File: /home/text/test/longxin20240904/pdk/20241008_180257/
  S013LLLPDP/v0p2_CDK/ramtmp/ram_rf2shd_512x32/ram_rf2shd_512x32_tt_1.2_25.0_syn.db)
```

bx1soc_top.qor 文件是 Vivado 工具中用于表示结果质量（Quality of Result，QoR）的文件，提供关于时序性能和优化建议的详细信息。使用 vi 命令打开 bx1soc_top.qor 文件，由于该文件比较大，这里只截取前面的部分。

```
*****************************************
Report : qor
Design : bx1soc_top
Version: P-2019.03-SP5-1
Date   : Mon Dec 16 22:02:20 2024
*****************************************


  Timing Path Group 'tlb_entry'
  ------------------------------------
  Levels of Logic:            69.00
  Critical Path Length:        4.54
  Critical Path Slack:        -0.55
  Critical Path Clk Period:    5.00
  Total Negative Slack:     -186.51
  No. of Violating Paths:    486.00
  Worst Hold Violation:        0.00
  Total Hold Violation:        0.00
  No. of Hold Violations:      0.00
  ------------------------------------

  Timing Path Group 'cpu_pll_clock'
  ------------------------------------
  Levels of Logic:            37.00
  Critical Path Length:        4.22
  Critical Path Slack:        -0.23
  Critical Path Clk Period:    5.00
  Total Negative Slack:      -57.66
```

可以看到相关质量信息。

4. 过程文件

过程文件位于 FLOW_INVS/00_SYN/WORK00/WORK 目录下，为综合过程中产生的相关文件，类似于 DRC 过程中产生的密度信息等文件。过程文件主要包含以下几种。

- .mr 文件：Design Compiler 在逻辑综合过程中生成的文件。它包含综合过程中的一些中间结果和信息。这个文件通常用于内部处理，记录综合过程中的一些关键数据和状态，以便在需要时可以恢复或进一步处理综合任务。

- .pvl（PrimeView Layout）文件：Design Compiler 在分析和详细说明阶段生成的中间文件。它包含从 Verilog 代码转换而来的中间二进制表示，用于在 Design Compiler 的内存中建立 GTECH（generic technology）文件（未映射的.ddc 文件）。这个文件是在执行 elaborate 命令时创建的，用于后续的综合和优化步骤。

- .syn 文件：Design Compiler 生成的门级网表文件，它是逻辑综合的输出之一。这个文件包含综合后的门级电路描述，可以用于后续的时序仿真、布局布线等步骤。.syn 文件通常包含门级网表、延时信息（.sdf 文件）和工作约束（.sdc 文件），这些信息对后续的设计验证和物理设计至关重要。

第4章 可测试性设计

4.1 引言

可测试性设计（Design For Testability，DFT）主要是通过在芯片中加入可测试性逻辑电路，在自动测试设备（Automatic Test Equipment，ATE）上对芯片进行测试，挑出有制造缺陷的芯片。这里需要强调的是，DFT 只负责挑出制造缺陷，不负责逻辑缺陷的检查。DFT 是适应集成电路发展的一种测试技术，用于提高电路的可测试性，即可控性和可观性。

可控性指是否可以从电路的初级输入（Primary Input，PI）控制内部引线逻辑状态。如果一条链路可以通过电路的 PI 端口控制其状态，则称这条链路是可控的；否则，就是不可控的。在图 4-1 所示的链路中，与门有两个输入端口 A 和 B，如果 A 直接接地，B 的输入为电子电路（Electronic Circuit，EC）的输出信号，那么在这个电路中，无论 PI 端口的值是什么，与门的端口 C 的输出始终为 0，不可能为 1，C 的输出是不可控的。

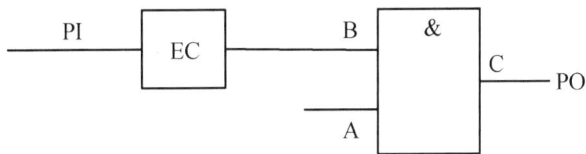

图 4-1 一条链路

可观性指是否可以从电路的初级输出（Primary Output，PO）端或其他特殊的测试点观察电路内部引线的逻辑状态。在图 4-1 中，PO 端和与门的 C 端口的值一致，由于 A 端口的输入为 0，C 端口的值始终为 0，与 B 端口的值无关，因此在 C 端口不能判断 B 端口的值是什么，在这样的电路中，内部端口 B 就是不可观的。

按测试结构，DFT 目前比较成熟的技术主要有扫描链（scan chain）、内建自测试（Built-In Self-Test，BIST）、边界扫描（Boundary SCAN，BSCAN）等。其中，扫描链用于测试芯片的数字逻辑电路，BIST 用于测试芯片的片上内存，BSCAN 用于测试芯片的 I/O 端口。

4.1.1 扫描链

扫描链是 DFT 的一种实现技术，它通过植入移位寄存器，使测试人员可以从外部控制和观测电路内部触发器的信号值。扫描是指将电路中的任意状态移进或移出的能力，其特点是测试数据的串行化。通过重新设计系统内的寄存器等时序元件，使其具有可扫描性，可使测试数据从系统一端经由移位寄存器等组成的数据通路串行移动，并在数据输出端对数据进行分析，从而提高电路内部节点的可控性和可观性，达到测试芯片内部的目的。

扫描测试的实现过程如下。

（1）读入电路网表并且实施设计规则检查，确保符合扫描测试的设计规则。

（2）将电路中原有的触发器或者锁存器替换为特定类型的扫描触发器或者锁存器，并将这些扫描单元构成一个或者多个扫描链，这一过程称为测试综合。

（3）Automatic Test Pattern Generation（ATPG）工具根据插入的扫描电路以及形成的扫描链自动产生测试向量（test pattern，也称为 test vector）。故障仿真器（fault simulator）对这些测试向量实施评估并确定故障覆盖率情况。

扫描测试通过扫描链可以非常方便地实现测试数据的有效传递以及内部状态的有效导出。插入了扫描链的电路有两种运行模式，即由 scan_enable 信号控制的测试模式和工作模式。在测试模式下，扫描链接通；而在工作模式下，扫描链被旁路，电路按照原来的正常方式工作。

基于扫描设计是可测性设计中最常用的一种方法。它是将电路中的 D 触发器替换为扫描触发器。扫描触发器最常用的结构是多路选择器扫描触发器，它在 D 触发器的输入端口加上一个多路选择器，如图 4-2 所示。scan_enable 为多路选择器的选择端，in 为正常的功能输入端，scan_in 为扫描输入端，clock 为时钟输入端，Q 为数据输出端。当 scan_enable 信号是 0 时，触发器用于正常的功能输入；当 scan_enable 信号是 1 时，触发器用于扫描输入。

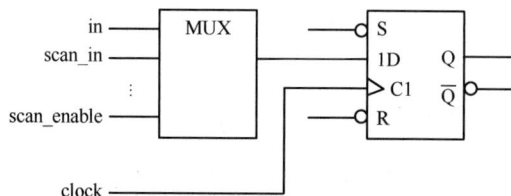

图 4-2　多路选择器扫描触发器的结构

根据扫描方式，设计分为全扫描设计和部分扫描设计。

全扫描设计就是指将电路中的所有触发器用专门设计的具有扫描功能的触发器代替，使其在测试时连接成一个或几个移位寄存器，这样，电路分成可以分别进行测试的纯组合电路和移位寄存器，电路中的所有状态可以直接在原始输入和输出端进行控制与观察。这样的设计将时序电路的测试生成简化为组合电路的测试生成。由于组合电路的测试生成算法目前已经比较完善，并且在测试自动生成方面比时序电路的测试生成容易得多，因此测试生成的难度大大降低。全扫描算法相对简单，运算速度快而且容易获得非常高的故障覆盖率（高达 99%甚至 100%）。虽然全扫描设计可以显著地降低测试生成的复杂度并节约测试费用，但是这是以面积和速度为代价的。

部分扫描设计是指选择性地组成扫描链，例如，将关键路径上的时序单元以及难以满足扫描结构要求的单元排除在扫描链之外，以确保芯片满足面积和性能方面的要求。部分扫描算法比较复杂，需要花费更长的运算时间才能达到同样的故障覆盖率。然而，该设计方法因为降低了对硬件的占用率并缩短了测试响应时间而受到重视。

当将测试向量集应用到具有扫描电路结构的电路时，需要使用自动测试设备（Automatic Test Equipment，ATE）。测试向量的应用分为 5 个阶段——扫描输入阶段、并行测量阶段、并行捕获阶段、链首输出阶段和扫描输出阶段。其中，在第一个阶段和最后一个阶段，采用串行工作方式，在中间 3 个阶段采用并行工作方式。

执行一个测试向量的时序如图 4-3 所示。

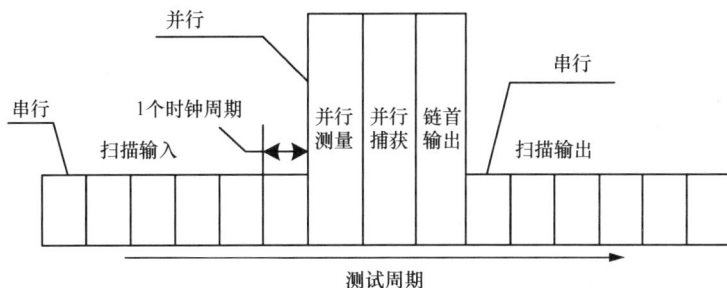

图 4-3　执行一个测试向量的时序

在扫描输入和扫描输出过程中，scan_enable 信号一直有效，扫描电路将测试图形串行移入电路内部，同时将上一个测试周期的结果串行移出，在扫描输出端进行探测。

在半导体测试中使用的测试向量由程序自动生成。测试向量按顺序加载到器件的输入引脚上，收集输出的信号并把它与预期的测试向量相比较从而判断测试的结果。生成的自动测试向量的有效性是衡量测试错误覆盖率的重要指标。

生成自动测试向量的周期可以分为两个阶段：

- 测试的生成；
- 测试的应用。

在测试的生成过程中，测试电路的设计模型在门级或晶体管级产生，以使错误的电路能够被该模型所侦测。这个过程基本上是一个数学过程，可以通过以下几种方法实现：

- 手工方法；
- 算法；
- 伪随机法——通过复杂的程序产生测试向量。

在创建一个测试时，目标应该是在有限的存储空间内高效地执行测试向量。由此可见，在满足一定错误覆盖率的情况下，应产生尽可能少的测试向量。主要考虑的因素如下：

- 建立最小测试组所需要的时间；
- 测试向量的大小，软件、硬件的需求；
- 测试过程的时长；
- 加载测试向量所需的时间；
- 外部设备。

现在被广泛使用的 ATPG 算法有 D 算法、PODEM（Path Oriented Decision Making，面向路径的决策）算法和 FAN（Fan-out Oriented，面向扇出）算法。任何算法都需要路径敏化（path sensitization）技术。

使用 ATPG 算法对集成电路进行测试验证主要包括以下步骤。

（1）在待检测电路中选取节点，进行固定故障点设置。

（2）使用路径敏化和递归方法沿主输入方向进行判断，找到一组能够引起设置的故障值的合适的输入向量集，若已经搜索整个向量空间并且没有找到引起故障值的输入向量，则测试的生成过程直接结束。

（3）将找到的主输入向量向后传播至主输出处，即将故障值通过寻找的向量集向后传播至主输出处，观察故障值在主输出处的结果。将引起此故障值的输出向量同样应用在规范电路的主输入处，然后在规范电路的主输出处观察结果。

（4）在应用相同输入向量集的情况下，若实现电路和规范电路在主输出处的结果相同，则证明实现电路和规范电路在逻辑功能上是等价的；否则，实现电路和规范电路在逻辑功能上是不等价的。

4.1.2　BIST

BIST 技术是指设计时在电路中植入相关功能电路以提供自我测试功能的技术，用于降低器件测试对 ATE 的依赖程度。它在半导体行业广泛应用。例如，在 DRAM 中普遍使用的 BIST 技术包括在电路中植入测试图形发生电路、时序电路、模式选择电路和调试测试电路。BIST 技术快速发展的主要原因是居高不下的 ATE 成本和电路的高复杂度。现在高度集成的电路被广泛应用，测试这些电路需要高速的混合信号测试设备。BIST 技术可以通过实现自我测试降低对 ATE 的需求。BIST 技术也可以解决很多电路无法直接测试的问题，因为它们没有直接的外部引脚。在不久的将来，即使最先进的 ATE 也无法完全测试最快的电路，这也是采用 BIST 技术的原因之一。

BIST 技术大致可以分为逻辑 BIST（Logic BIST，LBIST）和存储器 BIST（Memory BIST，MBIST）。

LBIST 通常用于测试随机逻辑电路，一般采用一个伪随机测试图形生成器来产生输入测试图形，采用多输入特征寄存器（Multiple-Input Signature Register，MISR）作为输出信号产生器。

MBIST 只用于存储器测试。典型的 MBIST 包含测试电路，用于加载、读取和比较测试图形。目前业界存在几种通用的 MBIST 算法，如 March 算法、Checkerboard 算法等。另外，还有一种比较少见的 BIST——阵列 BIST（array BIST），它是 MBIST 的一种，专门用于嵌入式存储器的自我测试。

BIST 技术正成为高价 ATE 的替代方案，但是 BIST 技术目前还无法完全取代 ATE，它们将在未来很长一段时间内共存。

自测技术的分类如图 4-4 所示。

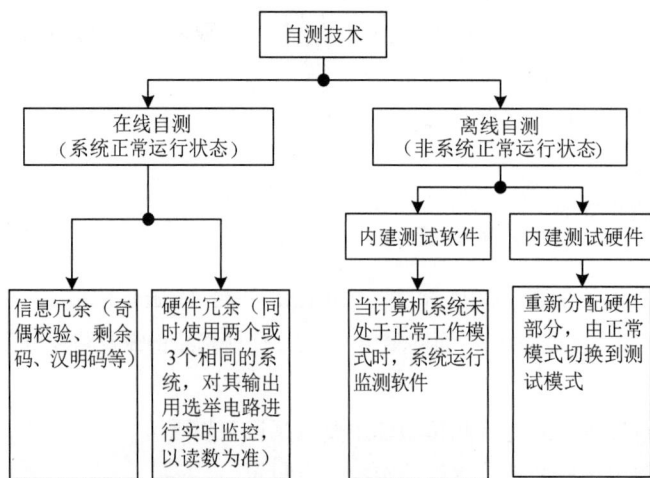

图 4-4　自测技术的分类

在离线自测中，需要内建测试软件与内建测试硬件，因此其中必须附加激励生成器和响应分析器。BIST 的一般结构如图 4-5 所示。

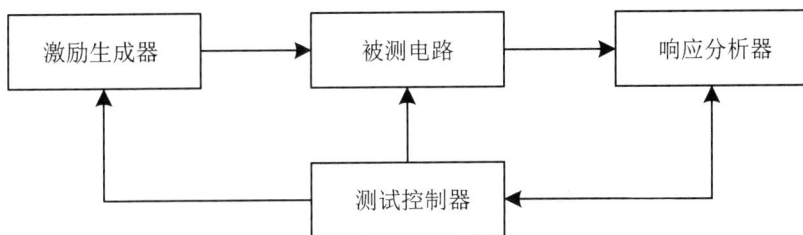

图 4-5　BIST 的一般结构

激励生成器用于生成电路所需的测试向量。生成激励有许多方法。常用的方法是穷举法和随机法。计数器就是穷举法的一个较好的例子，而线性反馈移位寄存器（Linear Feedback Shift Register，LFSR）则属于一种伪随机模式发生器。响应分析器将电路所产生的响应与已知正确的响应序列相比较，以确定电路的测试结果。一般情况下，响应分析器先对响应序列进行压缩，得到响应的特征，然后，将其与期望的特征进行比较，以确定测试的结果。响应分析器的典型实现是 MISR。

MBIST 代表特殊的 BIST 技术。存储器的特殊结构使 BIST 更加简单有效。例如，存储器中没有逻辑电路，当对存储器进行功能测试时，只要产生测试矢量，存入存储器，再读出并进行比较就可以了。由于存储器的输出（即读出的数据）就是存入的数据，因此可以方便地进行比较，甚至不需要数据的处理。

存储器的故障一般由单元、地址译码器和读写逻辑的短路或开路引起，这些故障可以归纳为单个和多个单元模型的故障，从而有不同的存储器测试方法，目前广泛使用的是跨步测试（march test）方法。在跨步测试中，使用有限的跨步，每个跨步在对存储单元进行一串操作后才再转移到下一个单元。跨步测试目前也有很多算法。

与扫描可测试性设计相比，BIST 技术最大的优点在于其性能不受芯片引脚与 ATE 接口之间电气特性的限制，能实现全速测试。但目前 BIST 技术主要用于存储器的测试，在随机逻辑测试的应用方面还有很大的局限性，主要原因是产生随机逻辑的测试激励要么需要很大的存储空间，要么需要很长的故障模拟时间，而存储器的测试需要的测试向量非常简单，测试激励通过存储或硬件电路很容易生成。现在重点研究在 BIST 技术中对随机逻辑的应用，即在一定的故障覆盖率的前提下，降低芯片面积开销，这项研究对于 SoC 的测试具有极为重要的意义。

BIST 技术的优点包括：

- 降低测试成本；
- 提高错误覆盖率；
- 缩短测试时间；
- 支持独立测试。

BIST 技术的缺点包括：

- 额外的电路会占用芯片的宝贵面积；
- 需要额外的引脚；
- 可能存在测试盲点。

4.1.3　DFT 工具

市面上常用的 DFT 工具为 DFT Compiler。它是 Design Compiler 工具的扩展版，能够自动完成测试插入功能，支持全扫描模块级测试综合，将逻辑综合、基于扫描的测试以及时序分析结合在一起，提供测试规则检查、扫描综合和故障覆盖率分析等功能。

DFT Compiler 的功能如下。

- 将时序单元自动替换为可以扫描的单元，在插入扫描结构的过程中，自动对设计的面积和时序进行优化；完全支持层次化的设计结构，自动连接扫描链；自动禁止扫描过程中的三态总线以及双向端口冲突。
- 自动检查 DFT 规则，估计扫描插入后的故障覆盖率。当发现违反规则的扫描通路时，将这些扫描通路在图形用户界面中突出显示，以便进一步查找原因。

4.1.4　DFT 的流程

DFT 在提高故障覆盖率的同时增加了芯片面积。影响 DFT 的主要因素如下：

- 设计中存在三态总线；
- 由一个触发器的输出驱动另一个触发器的复位；
- 设计中存在生成时钟；
- 设计中存在门控时钟；
- 设计中存在锁存器。

通常，芯片内不应存在三态总线，因为它们具有较大的功耗。如果芯片上存在三态总线，应注意避免总线竞争，即同一时间在总线上驱动不同的值。总线冲突会产生更多的功耗，进而导致芯片损坏。在扫描测试阶段，避免总线竞争的途径是控制三态缓冲器的使能，即与扫描使能信号进行"与"运算。在正常工作模式下，扫描使能信号为逻辑"1"，允许控制信号通过。在测试模式下，扫描使能信号为逻辑"0"，假定这些使能的控制输入来自触发器的输出。

在任何设计的任何阶段，都应该避免存在组合逻辑反馈，应该使用 lint 工具和综合工具定期地进行检查。组合逻辑反馈电路的存在会导致设计中不可预测的逻辑行为。由于组合逻辑环的行为依赖于延时，无法使用任何 ATPG 算法进行测试，因此在逻辑上应该避免组合逻辑环。

生成时钟由时钟分频器通过触发器或芯片中的 PLL 产生。在这种情况下，需要在时钟路径中添加多路选择器，使用 Test_Mode 作为控制信号，多路选择器的输入是常规时钟和生成时钟。

在某些电路中，考虑低功耗设计，采用门控时钟作为时钟输入。此时的输入时钟是通过组合逻辑实现的，也无法扫描测试，影响测试覆盖率。

为了使锁存器具有可控性，需要对 Enable 信号和 Test_Mode 信号进行异或，如图 4-6 所示。

接下来介绍 DFT 的实现过程。

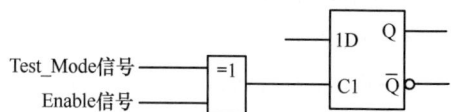

图 4-6　对 Enable 信号和 Test_Mode 信号进行异或

1.　时钟控制

对于 ATPG 工具的生成模式，时钟和复位必须是完全可控的。

1）由组合逻辑门控的时钟

如果时钟由组合逻辑进行门控，则应添加 Test_Mode 信号，确保时钟传输完全可控。在图 4-7 所示的例子中，功能时钟 CLK 由 A 信号门控（CLK 与 A 信号通过一个与门，当 A 信号为高电平时，CLK 信号被选通），应使用 Test_Mode 信号对 A 信号施加控制。当 Test_Mode 信号为低电平时，

A 信号原样输出,电路相当于没有受 Test_Mode 信号的控制,仍保持原来的功能;当 Test_Mode 信号为高电平时,A 信号通常为复位后默认的低电平状态,CLK 信号被选通。

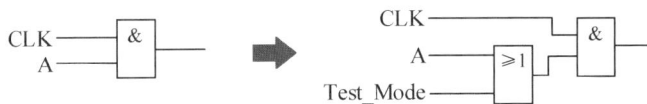

图 4-7　为时钟门控 A 施加 Test_Mode 信号控制

2)内部生成的时钟

对于所有内部生成的时钟,应提供旁路。如果需要这个时钟,例如,需要 PLL 时钟进行全速测试,就应该添加一个时钟控制逻辑。在图 4-8 所示的例子中,为内部生成的时钟 C 添加了一个多路选择器,当 Test_Mode 为低电平时,电路保持原来的功能不变;当 Test_Mode 为高电平时,内部生成的时钟被旁路,C 输出的是测试时钟 Test_Clock。

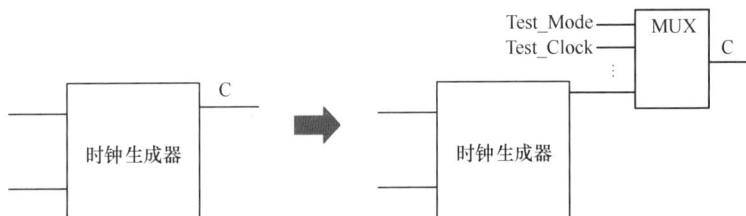

图 4-8　为内部生成的时钟添加旁路

在图 4-9 中,时钟 C 由触发器的输出 Q 经过组合逻辑电路产生,因为这个生成的时钟不能由 ATPG 工具直接控制,需要添加时钟控制逻辑。

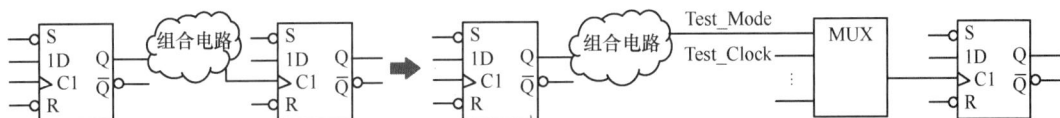

图 4-9　添加时钟控制逻辑

3)测试时钟的选择

测试时钟的选择可以参考图 4-8 中的例子,通过 Test_Mode 信号控制多路选择器,从而选择通过的是功能时钟还是测试时钟。注意,必须确保测试时钟的频率始终大于或等于功能时钟的频率,这样就不会导致对逻辑进行的测试不足。

4)使用时钟作为数据

当时钟被用作设计中的数据时,必须始终确保能够使用 Test_Mode 信号对此数据路径进行门控,否则可能导致竞争条件产生不准确的模拟结果。在图 4-10 中,CLK 作为数据信号与 Data 相与,在进行与操作前,使 Test_Mode 与 CLK 进行异或,对 CLK 的数据进行门控。

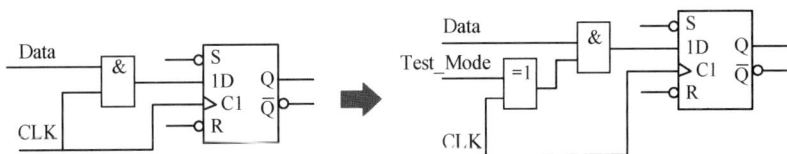

图 4-10　消除竞争条件

2. 非时钟锁存器

静态时序分析（Static Timing Analysis，STA）仅关闭那些时钟控制的顺序器件的时序。如果锁存器的使能（E）信号或时钟来自触发器的输出，则在 STA 中不检查它的时序，这可能导致错误的数据锁存，如图 4-11 所示。这种错误可能要到时序仿真时或在真实芯片上才能被发现。如果锁存器的使能信号是有效时钟（门控或非门控），则可以防止这种情况。因此，在设计中，要避免锁存器的使能信号不是时钟信号的情况。

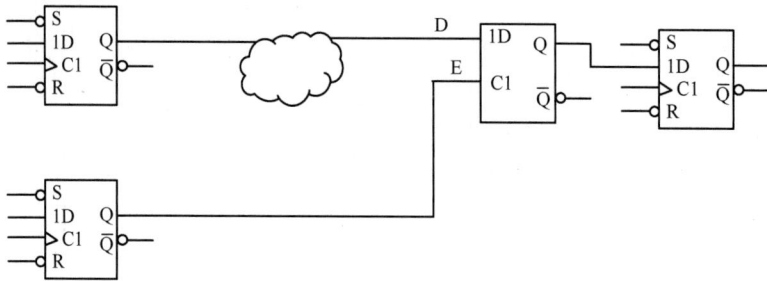

图 4-11　锁存器使能信号不经过 STA 时序检查

3. 复位控制

触发器的时钟和复位必须是完全可控的。为实现此目的，将多路选择器置于复位路径中，如图 4-12 所示。

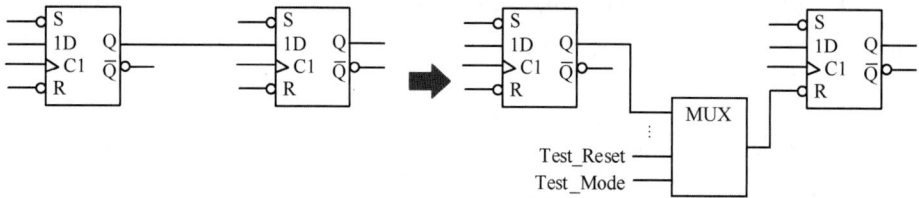

图 4-12　使用多路复用器进行复位控制

4. 组合逻辑反馈电路

当组合逻辑的输出反馈到其输入之一时，形成组合逻辑反馈电路，如图 4-13 所示。当使用 ATPG 工具模拟设计时，假设组合逻辑中的元素延时为 0，这可能导致一个或多个输入组合的不确定输出。

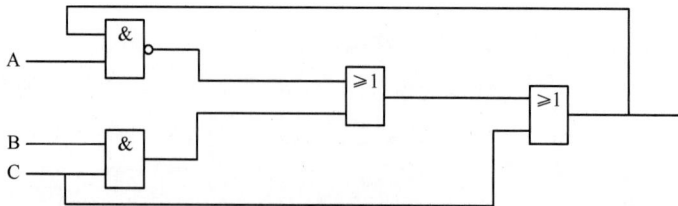

图 4-13　组合逻辑反馈电路

若 A 信号的值为 1，B 信号的值为 0，C 信号的值也为 0，将在电路中产生振荡。为了防止这种情况，应该避免这种反馈设计。

5. 模拟模块

在使用 ATPG 工具时，在测试期间，所有模拟模块都需要特殊处理。虽然在许多模拟模块中可以嵌入数字逻辑，但是应确保所有这些逻辑是可测试的。模拟模块接口的数字输入输出需要完全可控和可观。同时，模拟输入输出应封装好并说明。可以根据测试用例的要求将模块的模拟部分保持在低功耗（断电或休眠）状态，并使模拟输出处于高阻态或驱动恒定值。在这种情况下需要特别小心，并通过安全的阻塞说明进行维护。

6. 电压和温度触发屏蔽

SoC 内置电压和温度检测电路，以便在超出规定范围时产生中断。在 DFT 期间，需要禁用或屏蔽中断信号。例如，在检测极低电压（Ultra Low Voltage，ULV）、高压应力时，如果这些中断信号未被屏蔽，将导致测试失败。在图 4-14 中，在模拟模块的输入和输出端添加 Test_Mode 信号以控制多路选择器，当 Test_Mode=1 时，模拟模块的输入和输出触发信号被旁路，并通过扫描链寄存器相连接。

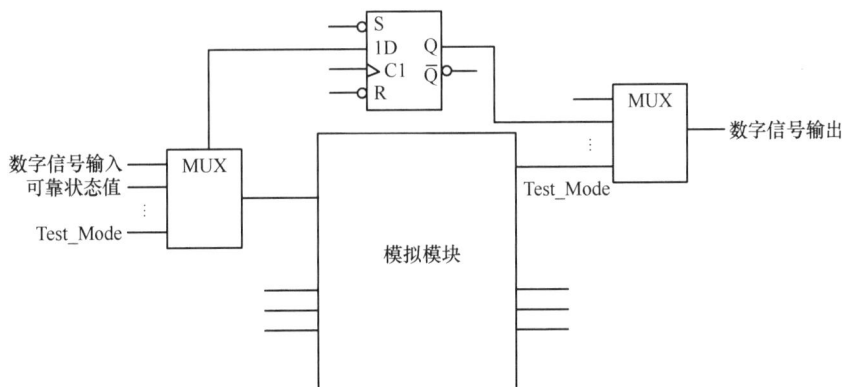

图 4-14   屏蔽模拟模块的触发信号

4.2   丽湖霸下 BX2400 的 DFT

本节介绍丽湖霸下 BX2400 的 DFT，包括准备输入文件、准备脚本、执行 DFT、查看输出文件。

4.2.1   准备输入文件

输入文件包括 bx1soc_top.v 和 create_top_level_scandef.tcl。
bx1soc_top.v 文件位于 FLOW_INVS/10_DFT/IMPORT 目录下，为逻辑综合后输出的网表文件。
create_top_level_scandef.tcl 文件位于 IMPORT/dft 目录下，用于定义顶层模块的扫描链结构。

4.2.2   准备脚本

run.csh 文件位于 FLOW_INVS/10_DFT/RUN 目录下，用于创建 WORK[NUM+1] 并执行 DFT_DC.run.sh 文件，在 RUN 目录下生成 DFT_DC.WORK[NUM+1].run.log 文件。其内容如下。

```
#!/bin/csh -f
```

```
set mWork='DFT_DC'
set runDir=`basename $PWD`
if ( ${?G_WORKSPACE} && ${runDir} == 'RUN' ) then
...
endif
rm -f ../WORK && \
...
//执行 SCRIPTS 目录中的${mWork}.run.sh 文件并在当前目录下生成${mWork}.run.log 文件
../SCRIPTS/${mWork}.run.sh |& tee -a ./${mWork}.run.log
```

DFT_DC.run.sh 文件位于 FLOW_INVS/10_DFT/SCRIPTS 目录下，用于打开 Design Compiler 工具并执行 DFT_DC.tcl 脚本。其内容如下。

```
#!/bin/sh -eux
cp ../SCRIPTS/synopsys_dc.setup .synopsys_dc.setup
dc_shell-xg-t -x "source ../SCRIPTS/DFT_DC.tcl"  //使用 dc_shell 命令打开并执行 DFT 脚本
```

DFT_DC.tcl 文件位于 FLOW_INVS/10_DFT/SCRIPTS 目录下。DFT_DC.tcl 文件为 DFT 的主脚本，用于完成扫描链与测试结构的插入，输出网表、.svf 文件、.scandef 文件、.ddc 文件到 WORK/outputs 子目录下，并生成时序、面积、功耗等报告文件，存放在 WORK/reports 子目录下。下面逐段对 DFT_DC.tcl 文件进行介绍。

通过如下代码，创建相应的文件目录并把 LSTcfg 变量转换为 g 变量组，以更好地优化和管理设计中的参数化变量，并且提高设计的灵活性。同时，设置相关变量，并导入文件的名称等。

```
puts "#################################"
puts "START set_gconfig: [date] - cputime [cputime] - HOST: [info hostname] - MEMORY: [mem]"
set g_design_name $env(G_DESIGN_NAME)
set g_task_name   dft
set g_current_script [info script] //将当前执行脚本的完整路径名称放置到变量中
  ...
puts "END set_gconfig: [date] - cputime [cputime] - HOST: [info hostname] - MEMORY: [mem]"
```

末尾一行代码用于输出日期和时间、CPU 时间以及内存使用情况等信息。在设计中每完成一个小阶段都会报告相应的信息。

如果当前正在评估.tcl 文件，则 Info script 命令返回正在处理的最内层文件的名称。

通过如下代码，设置 CPU 使用的最大内核数。

```
puts "#################################"
puts "START set_hosts: [date] - cputime [cputime] - HOST: [info hostname] - MEMORY: [mem]"
set_host_options -max_cores $var(common,cpu_num)
report_host_options
puts "END set_hosts: [date] - cputime [cputime] - HOST: [info hostname] - MEMORY: [mem]"
```

通过如下代码，导入设计文件，并定义设计库的路径，这里导入的文件为综合过后的门级网表。同时设置.svf 类型的文件输出，.svf 文件由综合工具生成，记录设计综合过程中对原 RTL 代码结构所做的调整。.svf 文件用于支持测试向量序列，EDA 工具通过加载.svf 文件进行测试和校准，有效提高芯片的测试效率和准确性，也可以用于形式验证。

```
puts "#################################"
puts "START design_import: [date] - cputime [cputime] - HOST: [info hostname] - MEMORY:
```

```
[mem]"
set_svf ${g_rptdir}/outputs/${g_design_name}.svf
define_design_lib WORK -path ${g_rptdir}/WORK  //定义设计库的路径
read_verilog -netlist $g_design_import_file  //读入网表文件
puts "END design_import: [date] - cputime [cputime] - HOST: [info hostname] - MEMORY: [mem]"
```

以下代码主要完成链接设计。如果链接不存在或者链接错误，就会输出错误报告。

```
puts "################################"
puts "START link_design: [date] - cputime [cputime] - HOST: [info hostname] - MEMORY: [mem]"
current_design $g_design_name
set status [link]
if { !$status && !$var(common,continue_on_link_error) } {
    puts "########################"
    puts "ERROR: COMMAND link FAILED"
    puts "########################"
    redirect ../RUN/run_info.rpt -append {   //将下面的输出信息追加到报告中
        cho "SYN dc_shell script prematurely exited because link failed."
    }
    exit 1
}
puts "END link_design: [date] - cputime [cputime] - HOST: [info hostname] - MEMORY: [mem]"
```

redirect 用于将命令的输出重定向到文件。redirect 命令的参选项如下。

- -append：将输出追加到目标。
- -tee：将输出发送到当前的输出通道及目标。
- -file：表示目标是一个文件名，重定向到该文件。这是默认设置，与 -varible 和 -channel 无关。
- -variable：表示目标是一个变量名，重定向到该 Tcl 变量。它与 -file 和 -channel 无关。
- -channel：表明目标是一个 Tcl 通道，重定向到该通道。它与 -variable 和 -file 无关。
- -compress：在写入文件时，进行压缩，如果重定向到文件，则该选项指定在写入时对输出进行压缩，文件格式为 "gzip –d" 命令可识别的格式，不能使用 -append 指定该选项。

以下代码主要设置避免使用的单元。为了避免使用可能会引起时序问题的单元，或者满足特定的要求，会对 PDK（Process Design Kit，工艺设计套件）库中某些不合适的单元进行屏蔽，与逻辑综合中的步骤基本一致。

```
puts "################################"
puts "START set_dont_use: [date] - cputime [cputime] - HOST: [info hostname] - MEMORY: [mem]"
source ../SCRIPTS/synopsys_dc_var.tcl  //加载 EDA 工具的设置
...
foreach aRef [lsort -unique [get_attr -quiet [get_lib_cells -quiet $xpattern] name]] {
    if { $aRef ni $all_dontuse_cells } {    //检查 aRef 变量是否在后面的变量中
...
        set_dont_use $sRef
}   }   }
set num_dontuse_cells   [llength $all_dontuse_cells]
echo "Info: total $num_dontuse_cells dont use cells"
puts "END set_dont_use: [date] - cputime [cputime] - HOST: [info hostname] - MEMORY: [mem]"
```

以下代码用于完成 DFT 的插入。

```
puts "################################"
puts "START dft_insertion: [date] - cputime [cputime] - HOST: [info hostname] - MEMORY: [mem]"
current_design $g_design_name
set test_icg_p_ref_for_dft $var(global,clock_gating_cell)
```

```
if { [info exists var(dft,dft_scripts)] } {   //检测 DFT 插入文件是否存在
    source $var(dft,dft_scripts)   //加载顶层文件
} else {
    echo "Error: No DFT scripts defined."
}
//输出 .ddc 文件
write -f ddc -hier -o ${g_rptdir}/outputs/${g_design_name}_dft_init.ddc
puts "END   dft_insertion: [date] - cputime [cputime] - HOST: [info hostname] - MEMORY:
[mem]"
```

以下代码对设计进行重命名，涉及对设计中的模块、信号、端口等元素进行重命名，以满足特定的设计要求和优化目标。

```
puts "################################"
puts "START rename_design: [date] - cputime [cputime] - HOST: [info hostname] - MEMORY:
[mem]"
if { ${var(syn,uniquify_force)} } {
    set a_col [get_designs -filter "full_name!~${g_design_name} and full_name!~${var
(common,design_nickname)}_* and undefined(ilm_cell_area) and undefined(ilm_total_area)"
    -quiet]  //筛选不满足条件的设计列表
    if { [sizeof_col $a_col]>0 } { rename_design $a_col -prefix ${var(common,design_
nickname)}_ }
}
current_design $g_design_name
link
puts "END   rename_design: [date] - cputime [cputime] - HOST: [info hostname] - MEMORY:
[mem]"
```

以下代码主要将 DFT 电路插入的结果写入相应的输出文件，以便进行下一步的分析、验证和存放，同时确保数据的完整性和可传递性，并对文件进行链接以便下一步使用。

```
puts "################################"
puts "START write_results: [date] - cputime [cputime] - HOST: [info hostname] - MEMORY:
[mem]"
set_app_var verilogout_no_tri true
set_fix_multiple_port_nets -all -buffer_constants  //插入缓冲器，避免 assign 语句的出现
change_name -rule verilog -hier
write -f verilog -hier -o ${g_rptdir}/outputs/${g_design_name}.v
write -f ddc   -hier -o ${g_rptdir}/outputs/${g_design_name}.ddc  //输出 .ddc 文件
redirect ${g_rptdir}/reports/${g_design_name}.qor { report_qor }  //生成报告
...
set_svf -off
file   link   -symbolic   ${g_rptdir}/exports/${g_design_name}.v   ${g_rptdir}/outputs/
${g_design_name}.v
...
puts "END write_results: [date] - cputime [cputime] - HOST: [info hostname] - MEMORY: [mem]"
```

change_name 用于改变设计中引脚、单元和网线的位置，其选项如下。

- -rules name_rules：指定一个名称规则集，详细说明对象名称必须符合的规则。使用定义名称规则的命令定义名称规则文件。

- -hierarchy：修改设计层次结构中的所有名称。默认情况下，它只更改当前设计中的对象。

- -restore：撤销在加载会话期间记录在名称文件中的更改，并将文件内容恢复到打开时的状态。

set_svf 用于生成设置验证文件，以便在形式验证中高效地进行统一点匹配，其选项如下。

- -append：追加到指定文件。如果已经打开另一个设置验证文件，则在打开指定文件之前将该文件关闭。如果不使用 -append，则 set_svf 将覆盖已命名且存在的文件。

- -off：停止将形式验证设置信息记录到当前打开的文件中。

4.2.3　执行 DFT

DFT 操作要在 FLOW_INVS/00_SYN/RUN 目录下执行。进入 RUN 目录，可以看到该目录下有可执行的 run.csh 脚本。在命令行中输入./run.csh 命令，执行该脚本，可以启动 EDA 工具，进行 DFT 的插入。EDA 工具执行 DFT_DC.tcl 脚本中的命令。执行过程如下。

```
[text@iceda RUN]$pwd
/home/text/test/longxin20240904/FLOW_INVS/10_DFT/RUN
[text@iceda RUN]$ ./run.csh
+ cp ../SCRIPTS/synopsys_dc.setup .synopsys_dc.setup
+ dc_shell-xg-t -x 'source ../SCRIPTS/DFT_DC.tcl'

                          Design Compiler Graphical
                              DC Ultra (TM)
                               DFTMAX (TM)
                          Power Compiler (TM)
                             DesignWare (R)
                             DC Expert (TM)
                          Design Vision (TM)
                          HDL Compiler (TM)
                          VHDL Compiler (TM)
                             DFT Compiler
                          Design Compiler(R)

             Version P-2019.03-SP5-1 for linux64 - Dec 04, 2019

                 Copyright (c) 1988 - 2019 Synopsys, Inc.
```

执行结果如下。

```
...
START write_results: Tue Dec 31 01:23:21 2024 - cputime 268 - HOST: iceda.xinhuo.com -
MEMORY: 1144680
Writing verilog file '/home/text/test/longxin20240904/FLOW_INVS/10_DFT/WORK00/outputs/
bx1soc_top.v'.
Writing  ddc  file  '/home/text/test/longxin20240904/FLOW_INVS/10_DFT/WORK00/outputs/
bx1soc_top.ddc'.
END  write_results: Tue Dec 31 01:23:59 2024 - cputime 306 - HOST: iceda.xinhuo.com - MEMORY:
1144680

Thank you...
```

4.2.4　查看输出文件

1. DFT_DC.WORK00.run.log 文件

DFT_DC.WORK00.run.log 文件为运行日志文件，输出位置为 FLOW_INVS/10_DFT/RUN 目录。因为该文件记录了脚本执行过程中每条命令的报告结果，所以其内容与运行时窗口中的输出内容相同。设计人员通过检查该文件中的 Warning 信息对设计结果进行评估与调整。

```
[text@iceda RUN]$ grep Warning DFT_DC.WORK00.run.log
...
Warning: The trip points for the library named ram_rf1shd_256x22_TT_1.5_25 differ from
those in the library named scc013ug_hd_rvt_tt_v1p2_25c_basic. (TIM-164)
```

2. bx1soc_top.scandef 文件

bx1soc_top.scandef 文件的输出位置为 FLOW_INVS/10_DFT/WORK/exports 目录。使用 ll 命令可以列出文件的详细信息。

```
[text@iceda exports]$ pwd
/home/text/test/longxin20240904/FLOW_INVS/10_DFT/WORK/exports
[text@iceda exports]$ ll
total 0
lrwxrwxrwx 1 text text 78 Dec 31 01:23 bx1soc_top.scandef -> /home/text/test/
longxin20240904/FLOW_INVS/10_DFT/WORK00/dft_outputs_V0/bx1soc_top_merge.scandef
lrwxrwxrwx 1 text text 78 Dec 31 01:23 bx1soc_top.svf -> /home/text/test/
longxin20240904/FLOW_INVS/10_DFT/WORK00/outputs/bx1soc_top.svf
lrwxrwxrwx 1 text text 76 Dec 31 01:23 bx1soc_top.v -> /home/text/test/
longxin20240904/FLOW_INVS/10_DFT/WORK00/outputs/bx1soc_top.v
[text@iceda exports]$
```

bx1soc_top_scandef 文件是用于描述扫描链信息的文件，其主要作用包括记录扫描链信息、优化扫描链、传递设计信息和提供必要的扫描链信息，以便生成有效的测试向量。其部分内容如下所示。

```
VERSION 5.5 ;
NAMESCASESENSITIVE ON ;
DIVIDERCHAR "/" ;
BUSBITCHARS "[]" ;
DESIGN bx1soc_top ;

SCANCHAINS 119 ;


- bx1soc_bx1soc_uncore_0_1_SG1
+   START   u_bx1soc_mid/u_bx1soc_uncore/u_bx1soc_axi_subsys/AA_axi2apb/sdio_boot/boot_
ram/ram/mbistctrl/U1 Z
+   FLOATING   u_bx1soc_mid/u_bx1soc_uncore/u_bx1soc_axi_subsys/AA_axi2apb/sdio_boot/
boot_ram/ram/mbistctrl/rst_l_r1_reg ( IN SI ) ( OUT Q )

u_bx1soc_mid/u_bx1soc_uncore/u_bx1soc_axi_subsys/AA_axi2apb/sdio_boot/boot_ram/ram/mb
istctrl/rst_l_r2_reg ( IN SI ) ( OUT Q )

u_bx1soc_mid/u_bx1soc_uncore/u_bx1soc_axi_subsys/AA_axi2apb/sdio_boot/boot_ram/ram/ra
m_rf1shd_256x32_bist_instance/addr_reg_reg_0_ ( IN SI ) ( OUT Q )

u_bx1soc_mid/u_bx1soc_uncore/u_bx1soc_axi_subsys/AA_axi2apb/sdio_boot/boot_ram/ram/ra
m_rf1shd_256x32_bist_instance/addr_reg_reg_1_ ( IN SI ) ( OUT Q )
…
```

自动测试向量的生成需要使用对应的 EDA 工具完成，在这里未展示相关脚本，感兴趣的读者可自行尝试。

3. bxlsoc_top.v 文件

bxlsoc_top.v 文件的输出位置为 FLOW_INVS/10_DFT/WORK/outputs 目录。与逻辑综合阶段输出的 bxlsoc_top.v 文件不同，该文件为插入扫描链后的网表文件，用于接下来的设计步骤。

第5章 物理设计

5.1 引言

集成电路设计的最终交付形式是向芯片制造厂家提供 GDS 格式的版图文件。在前面我们了解了芯片的逻辑设计,而把在逻辑设计阶段输出的 RTL 代码通过逻辑综合转换成物理芯片还需要一个重要的阶段,这个阶段即物理设计。简而言之,物理设计是数字集成电路设计中将逻辑设计转换为物理可制造版图的关键环节。该阶段的输入包含逻辑综合阶段输出的门级网表、工艺库文件、版图规划文件等,通过布局布线工具 ICC 或者 Innovus 对器件进行连接和一系列验证,输出 GDS 文件以及相关报告。GDS 文件为物理版图的标准格式,芯片制造厂商通过该文件对芯片进行设计,最后经过生产、制造、封装等步骤得到芯片成品。

5.1.1 布图规划生成

布图规划也叫设计布局。布图规划在芯片设计中占据着重要的地位,它的合理与否直接影响芯片的时序是否收敛、布线是否通畅、电源是否稳定以及良品率是否高。在整个芯片设计中,从布图规划到完成布局一般需要占据整个物理实施阶段三分之一的时间。布局又称标准单元放置,它实际上包括关于 I/O 单元放置、模块放置和标准单元放置的规划。一般情况下,在基于标准单元的芯片设计中,标准单元占据了芯片面积的 50%以上,因此标准单元的布局是整个布局过程中的重要部分。读入设计后,EDA 工具将分别显示标准单元和硬核模块单元。

布图规划是芯片后端设计最初的步骤,如同建筑设计中的图纸设计,数据的完整性与准确性是进行布图规划的可靠保证。布图规划、电源规划和布局 3 项任务通常是连续进行的,但在工程中往往是反复穿插进行的。布图规划的主要内容包含对芯片尺寸的规划、对芯片设计 I/O 单元的规划、对大量硬核或模块的规划等。在某些不规则的设计中,需要对布线通道进行一些特殊的设置,这些也是布图规划中的组成部分。在一些超大规模集成电路设计中,为了尽量减小时钟信号线的偏差、提高芯片的性能,在布局之前就需要对时钟网络进行规划。此时的时钟网络分布与普通的时钟树不同,它也是布图规划的重要组成部分。可见,布图规划的内容是对芯片内部结构的完整规划与设计。

布图规划阶段的输入如下。

- 门级网表:逻辑综合工具生成的网表文件,主要用于描述电路的逻辑连接关系。
- Synopsys 设计约束(Synopsys Design Constraint,SDC)文件:在前端设计阶段生成的时序、面积和功耗约束文件,主要用于指导布图规划,确保时序收敛。

- 工艺库文件：工家提供的标准单元、I/O库和宏单元，主要用于提供标准单元与宏单元的物理和电气特性。
- 版图规划文件：由设计团队制定的初步规划文件，主要用于定义芯片的整体布局结构，包括芯片尺寸、宏单元位置和I/O布局。
- 时钟和电源规划信息：设计团队制定的分配方案，主要确保电源网络和时钟树的合理布局。

布图规划阶段的输出如下。

- 版图规划文件［DEF（Design Exchange Format，设计交换格式）文件］：包含芯片整体布局，如宏单元位置、I/O引脚位置和电源网络布局，主要为后续的布局和布线提供详细的物理框架。
- 更新后的设计约束文件（SDC文件）：主要确保在后续设计阶段满足时序要求。
- 初步的电源网络设计：定义电源和地线的分布网络，主要确保芯片内部供电均匀，减小电压降。
- 布图规划报告：包括芯片尺寸、宏单元布局和初步的布线通道规划，主要为设计团队提供布图规划的详细信息，便于后续优化。

5.1.2　物理综合

物理综合在逻辑综合生成的门级网表的基础上，结合实际的物理布局布线信息，进一步优化设计的时序、面积、功耗和布线。随着工艺尺寸的缩小，互连线延时对电路性能的影响更加显著。物理综合通过考虑真实的物理效应，弥补逻辑综合在时序预测上的不足，成为实现设计收敛的重要手段。

物理综合的核心任务是优化设计的关键性能指标，主要包括以下4个方面。

- 时序优化：通过插入缓冲器、调整逻辑结构和优化时钟树，减小互连线延时对时序的影响。
- 面积优化：通过调整单元排列和逻辑结构，进一步减小芯片面积。
- 功耗优化：通过优化时钟树的结构和逻辑门的使用，降低动态功耗。
- 布线优化：减少布线拥堵，优化布线通道，提高可布线性。

物理综合采用多种优化技术，如寄存器重定时、缓冲器插入、逻辑门大小调整等，以实现上述目标。它通过增量式优化的方式，逐步调整设计，确保在满足时序约束的同时，提高设计的整体性能。

物理综合阶段的输入如下。

- 门级网表：在逻辑综合阶段生成的网表文件，用于描述电路的逻辑连接。
- 逻辑库（.lib或.db文件）：包含标准单元的电气特性（如延时、功耗）。
- 物理库（.lef文件）：包含标准单元的物理特性（如单元尺寸、引脚位置）。
- 版图规划文件（DEF文件）：包含版图规划信息，如芯片尺寸、宏单元位置和I/O布局。
- 技术文件（.tlef或.tf文件）：包含金属层、通孔和设计规则的详细信息。

物理综合阶段的输出如下。

- 优化后的网表：在物理综合阶段优化后的网表文件。
- 物理设计文件（DEF文件）：包含布局信息，如单元位置和布线通道。
- 时序报告：包含时序分析结果。

- 面积和功耗报告：包含优化后的面积和功耗信息。

5.1.3　时钟树综合

时钟树综合（Clock Tree Synthesis，CTS）主要用于搭建芯片内部的时钟网络，使时钟信号能够从时钟源点经过物理连线传递到所有的时序单元。优化时钟网络结构，缩短全局的时钟延时并减小偏斜，在集成了上亿个晶体管的芯片上，建立一个合理的时钟网络，使物理版图的内部时序达到收敛要求具有很大的难度。尤其是时钟模块，因为时钟模块有许多时钟信号，时钟树的结构复杂，所以需要更多的人为操作来调整时钟树的结构，减小时钟的全局延时和偏斜。

时钟树综合阶段的关键任务如下。

- 设计时钟树的结构：根据时钟频率和负载，设计时钟树的拓扑结构，以平衡延时和偏斜。
- 插入缓冲器或反相器：通过插入缓冲器或反相器，优化时钟信号的延时和驱动能力。
- 控制时钟偏斜和抖动：确保时钟信号的偏斜和抖动在允许范围内，以保证系统的稳定性。
- 优化时钟树：调整时钟树的结构和缓冲器的位置，修复时序违例。

时钟树综合阶段的输入如下。

- 门级网表：在逻辑综合阶段生成的网表文件，用于描述电路的逻辑连接关系。
- 设计约束文件（SDC 文件）：包含时钟定义、时钟周期、输入延时、输出延时等时序约束信息。
- 工艺库文件：包括标准单元库（.lib 或.db 文件），提供标准单元的电气特性（如延时、功耗）。
- 时钟源定义：定义时钟源（如 PLL 或外部时钟输入）及其特性（如频率、相位）。

时钟树综合阶段的输出如下。

- 更新后的门级网表：插入时钟树缓冲器和反相器后的网表文件。
- 时钟树报告文件：包含时钟树的延时、偏斜、负载等详细信息。
- 更新后的版图规划文件（DEF 文件）：包含时钟树的物理布局信息。
- 时序分析报告：提供时钟树综合后的时序分析结果，确保时序收敛。

5.1.4　时序修复

时序修复是指在数字集成电路设计中，通过调整和优化时序路径，确保设计满足时序约束的过程。时序修复的目标是解决设计中可能出现的时序违例，如建立时间和保持时间问题，从而保证芯片在目标工作频率下正确运行。时序修复的方法多种多样，具体选择取决于设计阶段和时序问题的类型：可以通过逻辑优化调整逻辑门的大小或类型，缩短关键路径的延时；通过在关键路径上插入缓冲器，缩短信号传输延时；通过调整单元的位置，优化信号路径的布线长度。通过优化时钟树的结构，减小时钟偏斜，减少时钟抖动，确保时钟信号的同步性，进行时钟优化。

时序修复阶段的输入如下。

- 门级网表：在逻辑综合阶段生成的网表文件，用于描述电路的逻辑连接关系。
- 设计约束文件（SDC 文件）：包含时序约束（如时钟的定义、建立时间、保持时间等），用于指导时序修复。
- 工艺库文件：提供标准单元的电气特性（如延时、功耗）和物理特性（如单元尺寸），用于时序分析。

时序修复阶段的输出如下。

- 更新后的门级网表：插入缓冲器、调整单元尺寸或重新布局后的网表文件。
- 时序分析报告：修复后的时序分析报告，确认所有时序违例已被解决。

5.1.5　布线连接

布线表示为芯片设计中内部的所有连线创建物理图形，实现物理上的连接关系，其目标是将逻辑综合阶段生成的门级网表中的逻辑单元通过金属线连接起来，形成一个完整的物理版图。布线连接的质量直接影响芯片的性能、面积和可靠性，它不仅需要满足电气规则（如信号完整性、电源完整性），还需要优化布线长度、减少布线拥堵，并确保设计满足时序约束。

布线完成后，物理连线都有实际的金属图形。在进行时序分析时，需要考虑互连线的寄生效应。之后，提取版图寄生参数信息，完成芯片的静态时序分析。布线前的时序分析尚未包含金属连线信息和寄生参数，时序分析结果较理想，布线后的物理版图更加接近实际情况，可能存在一定程度的恶化。

布线连接通常分为全局布线和详细布线两个阶段。

全局布线是布线过程的第一步，其目标是规划布线路径，为详细布线提供指导。其中包括确定信号的布线拓扑结构；优化布线路径，缩短布线长度和减少布线拥堵；为每个信号分配布线通道。

详细布线是在全局布线的基础上，完成具体金属线的连接。其目的是在指定的布线通道中完成金属线的布局，修复布线拥堵、短路和开路等问题，确保布线满足设计规则检查（Design Rule Check，DRC）和电气规则检查（Electronic Rule Check，ERC）。

布线连接阶段的输入如下。

- 门级网表：包含逻辑单元的连接信息，是布线的基础。
- 版图规划文件：包含芯片的整体布局信息，如单元位置和布线通道。
- 工艺库文件：提供标准单元的电气和物理特性，用于布线规则检查。
- 设计约束文件：包含时序约束和布线规则，用于指导布线优化。

布线连接阶段的输出如下。

- 布线完成的版图文件（DEF 文件）：包含详细的布线信息，用于后续的物理验证。
- 寄生效应文件（SPEF 文件）：包含布线后的寄生效应信息，用于时序分析。
- 布线报告：包含布线拥堵、DRC 和 LVS（Layout Versus Schematics，版图与原理图一致性检查）结果，帮助设计工程师优化布线。
- 更新后的版图规划文件：包含优化后的单元位置和布线通道信息。

5.1.6　布线后优化

布线后优化是后端设计中完成布线后的重要步骤，其目的是在完成所有物理实现后，进一步优化设计的时序、功耗和可靠性，确保芯片能够满足设计规格要求。由于布线后的寄生效应对时序和信号完整性的影响较大，因此布线后优化是确保设计收敛的最后防线，对复杂芯片的设计尤为重要。布线后优化的核心任务是修复布线后可能出现的时序问题、信号完整性问题、功耗问题和违反设计规则的问题。主要优化内容如下。

- 时序优化：通过调整缓冲器、对关键路径重新布线或调整单元位置，修复布线后出现的时序违例。

- 信号完整性优化：针对布线后的串扰和反射问题，调整布线策略或增加屏蔽措施。
- 功耗优化：通过优化布线长度和调整电源网络，降低动态功耗和静态功耗。
- 设计规则检查修复：修复布线后可能出现的与制造工艺相关的违规问题，确保设计的可制造性。

优化技术通常包括缓冲器插入、单元重新布局、布线调整、时钟树调整等。这些技术通过自动化工具或手动干预实现，以确保设计在布线后仍能满足性能要求。

布线后优化阶段的输入如下。

- 布线完成的版图文件（DEF 文件）：包含详细的布线信息和单元位置，是布线后优化的基础。
- 工艺库文件：提供标准单元的电气和物理特性，用于优化和验证。
- 时序分析报告：包含布线后的时序分析结果，帮助识别时序违例。
- 布线后仿真结果：包括信号完整性和电源完整性分析结果，用于优化信号质量和电源网络。

布线后优化阶段的输出如下。

- 时序分析报告：包含优化后的时序分析结果，确认所有时序违例已被修复。
- 布线后仿真报告：包括信号完整性和电源完整性分析结果，确认信号质量和电源网络的可靠性。
- 优化后的版图文件（DEF 文件）：包含修复后的布线信息和单元位置，用于后续的物理验证。

丽湖霸下 BX2400 的物理设计所用的工艺节点为 130 nm 的工艺节点。本章后面将详细介绍其设计布局生成、物理综合、时钟树综合、保持时间修复、布线连接、布线后优化和设计文件输出的内容。

5.2　丽湖霸下 BX2400 的设计布局生成

5.2.1　准备输入文件

设计布局阶段的输入文件包括 init_design.tcl、view_definition.tcl、pg_synthesis.tcl 和 place_pins.tcl 文件。

init_design.tcl 文件位于 FLOW_INVS/30_FPN/IMPORT 目录下。该文件为设计布局的初始化脚本。

view_definition.tcl 文件位于 FLOW_INVS/30_FPN/IMPORT 目录下。该文件的主要作用为定义与 mmc 相关的选项，如 RC 工艺角、Library 设置、Delay Corners、Constraints Mode、Analysis View 以及 setup/hold View Options。

pg_synthesis.tcl 文件位于 FLOW_INVS/30_FPN/IMPORT 目录下。该文件默认为生成电源地的脚本，在 seed.tcl 中的变量$var(fpn,pg_synthesis_files)未设置时调用。

place_pins.tcl 文件位于 FLOW_INVS/30_FPN/IMPORT 目录下。该文件为默认的引脚摆放脚本，在 seed.tcl 中的变量$var(fpn,place_pins_files)未设置时调用。

5.2.2　准备脚本

布图规划的主脚本 FLOORPLAN_INVS.tcl 位于 FLOW_INVS/20_FPN/SCRIPTS 目录中，用于完成布图规划的创建、宏单元的摆放、电源地的生成、引脚的摆放以及物理填充单元的插入。下面展示该脚本的内容。

首先，为了导入设计，导入相关库文件以及 Verilog 代码，以便软件能对元器件进行布局，同时对涉及电源网络和接地网络的变量进行设置，代码如下。

```
set status 0
puts "#################################"
puts "START design_import: [date]"
set g_init_verilog ../IMPORT/${g_design_name}.v
source ../IMPORT/init_design.tcl  //加载初始化文件
read_mmmc ../IMPORT/view_definition.tcl
read_physical -lef $g_init_lef_file
read_netlist $g_init_verilog  //读取 Verilog 网表文件
  …
puts "END design_import: [date]"
```

然后，通过以下代码创建芯片的顶层布局。

```
puts "#################################"
puts "START create_floorplan: [date]"
switch -exact $var(fpn,floorplan_mode) {
    RATIO { create_floorplan -stdcell_density_size [list 1.0 $var(fpn,floorplan_ratio)] }
  …
  }
puts "END create_floorplan: [date]"
```

switch 语句的选项如下

- -exact：在对字符串与模式进行比较时使用精确匹配，这是默认设置。
- -glob：在对字符串与模式进行匹配时，使用 glob-style 匹配（即与 string match 命令实现的匹配相同）。
- -regexp：在对字符串与模式进行匹配时，使用正则表达式匹配。
- -nocase：在比较操作中，以不区分大小写的方式进行处理。

代码使用 switch 语句来选择不同的模式。switch 对应的 4 种模式如下。

- RATIO 模式：根据标准单元的密度和比例，创建布图规划。-stdcell_density_size 用于指定创建布图规划时标准单元的密度和尺寸。
- WANDH 模式：根据芯片的宽度和高度，创建布图规划。-die_size 用于指定芯片的尺寸。
- DEF 模式：读取一个 DEF 文件来创建布图规划。read_def 命令用于读取 DEF 文件。
- USER 模式：执行用户定义的脚本来创建布图规划。source 命令用于执行 Tcl 脚本。

接下来，通过以下代码设定版图层次的最大值。

```
puts "#################################"
puts "START config_layers: [date]"
set max_layer_num [get_db [get_db layers -if .name==$var(global,max_routing_layer)]
.route_index]
set_db route_design_top_routing_layer $max_layer_num
unset max_layer_num
puts "END config_layers: [date]"
```

.route_index 是一个属性，表示布线层的索引。这个索引是一个整数值，通常用于标识布线层在设计中的顺序或层级。

接下来，将宏（macro）单元放置到芯片的布局中。宏单元是一种特殊的电路模块，通常是一个预先设计好的、具有特定功能的电路单元。宏单元通常包含复杂的逻辑功能的物理特性，这些特性使它们不适合使用标准单元库来实现。在设计中，宏单元需要正确地集成、放置和布线，以确保整体设计的可靠性。

```
puts "###############################"
puts "START place_macros: [date]"
if { [info exists var(fpn,macro_place_files)] } {
    foreach one_macro_place_file $var(fpn,macro_place_files) {
        switch -regexp $one_macro_place_file {        //使用正则表达式匹配
            ".*\.def$" -  //匹配扩展名为.def 的文件
            ".*\.def\.gz$" { read_def -components $one_macro_place_file }
            ".*\.tcl$" { source $one_macro_place_file } //匹配扩展名为.tcl 的文件
            ...
}
puts "END place_macros: [date]"
```

接下来，对芯片的电源网络、接地网络进行设计。其中包括定义电源和地的网线、引脚的名称，定义标准单元的电源引脚和地引脚，定义标准单元的 p 阱引脚和 n 阱引脚。

```
puts "###############################"
puts "START connect_pg: [date]"
//连接单元的高电压
connect_global_net $var(global,power_net) -type pgpin -pin $var(global,power_pin)
//连接单元的低电压
connect_global_net $var(global,ground_net) -type pgpin -pin $var(global,ground_pin)
//连接单元的 n 阱电压
connect_global_net $var(global,power_net) -type pgpin -pin $var(global,nwell_pin)
//连接单元的 p 阱电压
connect_global_net $var(global,ground_net) -type pgpin -pin $var(global,pwell_pin)
if { [info exists var(common,invs_spec_pg_conn_file)] } { source ${var(common,invs_spec_
pg_conn_file)} }
puts "END connect_pg: [date]"
```

接下来，创建电源网络和接地网络的连接。其中包括电源和地的生成，将全局的电源网络和接地网络连接到设计中所有单元的电源和地的引脚上。

```
puts "###############################"
puts "START pg_synthesis: [date]  "
if { [info exists var(fpn,pg_synthesis_files)] } {
//遍历 var 变量中的每个文件名并将其存储在 one_pg_synthesis_file 变量中
foreach one_pg_synthesis_file $var(fpn,pg_synthesis_files) {
...
}
puts "END pg_synthesis: [date]"
```

接下来，进行引脚布局，代码的结构与电源网络的结构类似。当对引脚进行摆放时，要确保引脚的位置符合设计规则和电气要求。在放置引脚时，要考虑引脚的电气特性、布线资源、信号完整性和电磁干扰等因素。

```
puts "###############################"
puts "START place_pins: [date]"
...
} else {
    source ../IMPORT/place_pins.tcl  //导入引脚布局的设计代码
}
puts "END place_pins: [date]"
```

接下来，添加顶层填充单元以及端帽。这些操作有助于提高设计的可靠性和可制造性。端帽用于保护芯片边缘，防止边缘效应（如漏电和噪声）。通常在芯片边缘添加端帽单元。

```
puts "###################################"
puts "START add_tapecap: [date]"
if { [info exists var(fpn,tap_place_file)] } { source $var(fpn,tap_place_file) }
if { [info exists var(fpn,cap_place_file)] } { source $var(fpn,cap_place_file) }
puts "END add_tapecap: [date]"
```

接下来，读取扫描链文件。这有助于确保扫描链的布局和布线符合设计规则与测试要求，避免扫描问题导致测试失败或产生问题。

```
puts "###################################"
puts "START read_scandef: [date]"
if { [file exists ${g_scandef_file}] } {
    read_def ${g_scandef_file}
} else {
    echo "ERROR:no scan def files"
}
puts "END read_scandef: [date]"
```

接下来，检查布局，主要检查设计的完整性与时序问题。

```
puts "###################################"
puts "START check_floorplan: [date]"
check_floorplan
...
check_design -type {timing hierarchical pin_assign budget assign_statements}
check_timing //对时序进行检查
puts "END check_floorplan: [date]"
```

check_design 用于检查当前设计的一致性，其选项如下。

- -summary：显示警告消息的摘要，而不是每一个警告的信息，这不会影响错误信息的发布方式。
- -no_warnings：忽略警告信息，因此只会输出错误信息。
- unmapped：在检查单元格时，报告未映射单元格的警告信息，默认情况下，不显示这些信息。
- -one_level：仅在当前层级进行检查，默认情况下检查当前层级和当前层级以下的所有设计。

接下来，写入版图规划信息。

```
puts "###################################"
puts "START write_results: [date]"
//将当前设计的数据库状态保存到文件中
write_db ${g_rptdir}/${g_design_name}.enc.dat
...
//将当前设计的网表信息保存到文件中
write_netlist ${g_rptdir}/outputs/${g_design_name}.v
file link -symbolic ${g_rptdir}/exports/${g_design_name}.v ${g_rptdir}/outputs/
${g_design_name}.v
//写入布局的 DEF 文件
...
//写入引脚的 DEF 文件
...
deselect_obj -all  //取消当前所有已选择的对象，防止意外保留之前的选择
//获取设计中符合 if 条件的实例并将其存储在 mCells 变量中
set mCells [get_db insts -if {.base_cell.base_class==block}]
```

```
...
//写入电源网表的 DEF 文件
...
puts "END write_results: [date]"
```

其中会用到 write_file 和 write_def。

write_file 用于将设计网络列表或原理图从内存写入文件，其选项如下。

- -format output_format：指定设计的输出格式，支持的输出格式如下。
  - ddc：Synopsys 内部数据库格式（默认格式）。
  - verilog：IEEE 的标准 Verilog 格式。
  - svsim：SystemVerilog 网表包装格式。
  - vhdl：IEEE 标准 VHDL 格式。
- -hierarchy：写出层次结构中的所有设计，从设计列表中指定设计开始。
- -output output_file_name：指定要写入的设计文件，默认情况下，该命令将每个设计写入名为 design.suffix 的单个文件中。其中，design 是每个设计的名称，.suffix 是指定格式的默认后缀。
- -include_anchor_cells：包括在生成 Verilog 代码的输出结果时创建的锚单元格，默认情况下，这些锚单元格在 Verilog 代码的输出中被过滤掉。

write_def 用于将设计的布局信息写入 DEF 文件（一种描述集成电路物理布局的文本格式文件，为 EDA 工具之间数据交换的标准格式），其选项如下。

- -no_net：不输出网格信息。
- -no_component：不输出组件信息。
- -rows：输出行信息。
- -tracks：输出走线轨道信息。
- -pins：输出引脚信息。

5.2.3　执行设计布局脚本

进行设计布局需要执行 FLOW_INVS/20_DFT/RUN 目录下的 run.csh 可执行文件。进入 RUN 目录，在用 ll 命令列出的文件的详细信息中可以看到这个文件。

```
[text@iceda RUN]$ pwd
/home/text/test/longxin20240904/FLOW_INVS/20_DFT/RUN
[text@iceda RUN]$ ll
total 4
-rwxr-xr-x 1 text text 668 Jun  3 2024 run.csh
```

输入./run.csh 以执行 run.csh 文件。

```
[text@iceda RUN]$pwd
/home/text/test/longxin20240904/FLOW_INVS/20_DFT/RUN
[text@iceda RUN]$ ./run.csh
```

执行过程如下。

```
[text@iceda RUN]$ ./run.csh
innovus -stylus -64 -no_gui -execute 'source -
...
```

执行完成之后显示下面的信息。

```
...
END  write_results:
*** Memory Usage v#1 (Current mem = 1982.684M, initial mem = 319.363M) ***
*** Message Summary: 3246 warning(s), 236 error(s)
--- Ending "Innovus" (totcpu=0:00:53.5, real=0:00:38.0, mem=1982.7M) ---
```

此时，使用命令 innovus -stylus -64 打开 Innovus 软件。

```
[text@iceda RUN]$ innovus -stylus -64
Cadence Innovus(TM) Implementation System.
Copyright 2021 Cadence Design Systems, Inc. All rights reserved worldwide.
...
@innovus 1>
```

在 Innovus 中输入命令 read_db ../WORK/exports/bx1soc_top.enc.dat，查看载入的布局的设计。

```
@innovus 1> read_db ../WORK/exports/bx1soc_top.enc.dat
#% Begin load design ... (date=02/12 01:57:07, mem=719.2M)
## Process: 130         (User Set)
##    Node: (not set)
...
*** Message Summary: 1558 warning(s), 202 error(s)

0
@innovus 5> gui_pan 121.20700 179.52700
```

输出结果如图 5-1 所示。

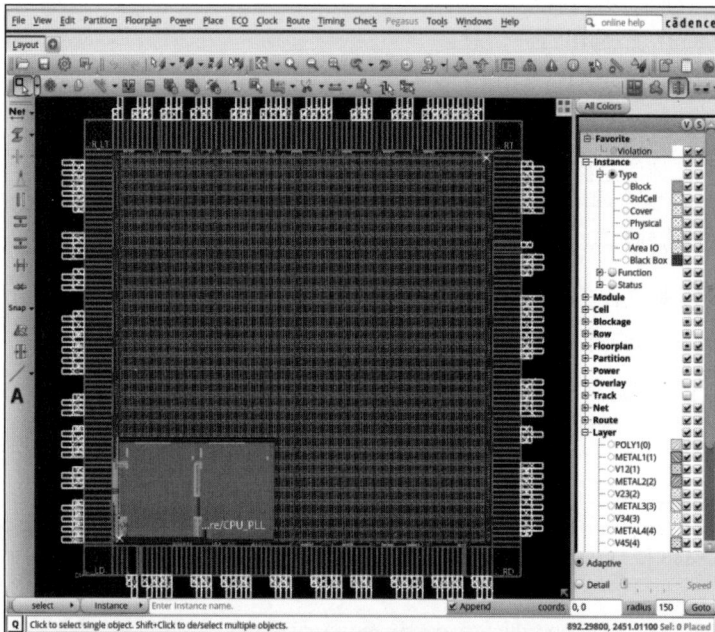

图 5-1　输出结果

5.2.4　查看输出文件

首先，查看 bx1soc_top_fp.def、bx1soc_top_macros.def 和 bx1soc_top_pins.def 文件。此组文件的输出位置为 FLOW_INVS/20_FPN/WORK/outputs 目录。

bx1soc_top_fp.def 文件是工具生成的顶层设计布局的信息文件。可以使用 vi 命令打开该文件。该文件包含设计布局的详细信息，包括标准单元的放置区域，以及走线轨道等信息。

bxlsoc_top_macros.def 文件是工具生成的宏单元的布局的信息文件。可以使用 vi 命令打开该文件。该文件展示宏单元的放置位置，以及方向和权重等信息。此外，该文件还定义宏单元外围区域的参数信息。

bx1soc_top_pins.def 文件是工具生成的引脚的布局的信息文件。该文件展示过孔的相关信息，包括层次关系以及位置等。同时，该文件包含引脚的位置、网络的属性以及布线层的几何形状等信息。

bxlsoc_top_pg.def.gz 文件包含电源网格和接地网络的布局信息，如电源网络的位置、金属宽度和金属间距等信息。

然后，查看输出的数据库文件夹 bx1soc_top.enc.dat。该文件夹位于 FLOW_INVS/ 20_PSY/WORK/exports 目录下，包含设计的完整状态（如布局布线、时序等信息），通常用于保存设计的中间状态或最终状态，以便后续可以快速恢复到该状态。当需要重新打开设计时，可以直接加载.enc.dat 文件，而不用重新导入所有输入文件并执行初始化操作。可以使用 ls 命令列出该文件夹中的文件和子目录。

```
[text@iceda exports]$ cd bx1soc_top.enc.dat/
[text@iceda bx1soc_top.enc.dat]$ ls
bx1soc_top.dbinfo bx1soc_top.pg.gz flowstep
...
bx1soc_top.opconds flow viewDefinition.tcl
[text@iceda bx1soc_top.enc.dat]$
```

关于文件的说明如下。

- .pg.gz 文件为电源网络文件，记录电源和地线的布局信息。
- .place.gz 文件为压缩后的放置文件，记录单元的布局位置，包含单元坐标、层次结构、放置策略等。
- .fp.gz 文件为压缩后的布图规划文件，记录芯片的初始布局信息，包含芯片的边界、模块的布局、I/O 端口的位置等。
- .spr.gz 文件为压缩后的布局优化文件，记录优化信息，包含优化后的模块布局、层次结构调整等。
- .route.gz 文件记录信号的布线路径，包含布线信息、布线策略、过孔信息等。
- .opconds 文件记录设计的操作条件，如工艺角、温度、电压等。
- .marker.gz 文件为压缩后的标记文件，记录设计中的特定标记或注释。
- .tcz 文件与设计的时序检查相关，记录时序分析结果。
- .scandef.gz 文件为压缩后的扫描定义文件，记录扫描链的插入信息。
- .dbinfo 文件用于存储设计数据库的元数据，包括设计的层次结构和对象属性等信息。这些文件在不同阶段（如布局布线、优化）中用来快速恢复设计状态。
- .flexmv 文件用于存储相关设计对象（如单元、引脚）的移动和调整信息。
- .post 用于存储设计在布线或优化后的状态，在设计的后期用于检查和验证设计的完整性。
- .prop 文件通常用于存储设计的属性，这些属性包括设计的配置参数、时序约束等，在不同的阶段用于配置和优化设计。

5.3 执行物理综合

在物理综合阶段，主要完成时序优化，确定标准单元摆放位置，输出 .v 网表以及 Innovus 格式的数据库文件 bx1soc_top.enc.dat。

5.3.1 准备输入文件

物理综合阶段的输入文件包含 bx1soc_top_update_consmodes.tcl 文件以及上一个阶段生成的数据库文件。

bx1soc_top_update_consmodes.tcl 文件位于 FLOW_INVS/30_FPN/IMPORT 目录下。该文件的作用是定义物理综合阶段的建立视图与保持视图，确保设计在不同的操作条件和工艺变化下都能满足时序要求。其中包括确保时序收敛、应对工艺变化以及优化设计性能等。

在脚本里使用 seed.tcl 文件中的变量指定时序分析中使用的视图，包括用于建立时间和保持时间检查的视图。这些视图定义了在不同操作条件（如工艺角、温度、电压等）下进行时序分析的规则。

数据库文件 bxlsoc_top.enc.dat 位于 FLOW_INV/30_PSY/IMPORT/ 目录下。该文件为上一个步骤生成的文件，这里不重复介绍。

5.3.2 准备脚本

physyn_invs.tcl 文件位于 FLOW_INVS/30_PSY/SCRIPTS 目录下。physyn_invs.tcl 文件为布图阶段的主脚本，主要实现标准单元的摆放与布局时序优化，在 reports 子目录下生成时序报告。接下来展示该文件的内容。

以下代码用于加载 Innovus 时序分析的变量，对 Innovus 软件进行配置，确保设计满足实际要求。

```
puts "#################################"
puts "START load_options: [date]"
set_db design_process_node 130  //设置设计的工艺节点
source $env(G_WORKSPACE)/IMPORT/cadence_innovus.setup  //加载软件的设置文件
//设置可以获取的最大布线层数
set max_layer_num [get_db [get_db layers -if { .name==METAL7 }] .route_index]
set_db route_design_top_routing_layer $max_layer_num  //设置顶部的布线层
unset max_layer_num  //初始化变量
puts "END load_options: [date]"
```

以下代码用于对设计的时序进行检查。check_time 命令不仅可以用于检查设计的时序约束是否正确设置，是否存在潜在的时序问题，以及未定义的时钟、输入到达时间、输出约束等问题，还能提供有关最小时钟间隔、忽略的时序异常、组合反馈环路和锁存器扇出等问题的信息，从而提高设计的可靠性和性能。

```
puts "#################################"
puts "START check_timing: [date]"
echo "LSTInfo: all register before physical synthesis is [sizeof_col [all_registers]]"
check_timing
puts "END check_timing: [date]"
```

以下代码用于设置避免使用的单元。为了避免使用可能会引起时序问题的单元，或者满足特定的要求，会对 PDK 库中某些不合适的单元进行屏蔽。

```
puts "###################################"
puts "START config_dontuse: [date]"
    set all_dontuse_cells ""  //初始化所有不需要使用的单元
    foreach {xpattern} $var(common,user_dont_use) {
        set all_refs "";
        foreach aRef [lsort -unique [get_db [get_lib_cells -quiet $xpattern].base_name]]
        {
        if { $aRef ni $all_dontuse_cells } {
    …
    }
    set num_dontuse_cells  [llength $all_dontuse_cells]
    …
    set all_userneed_cells "" //初始化所有需要使用的单元
    …
    foreach aRef [lsort -unique [get_db [get_lib_cells -quiet $xpattern].base_name]] {
    …
    echo "Info: total $num_userneed_cells user needed cells"
puts "END config_dontuse: [date]"
```

get_lib_cells 用于从载入内存的库中创建库单元集合。其选项如下。

- -quite：如果没有匹配对象，则不显示警告和错误信息，也不显示语法错误消息。
- -regexp：将 pattern 参数视为正则表达式，而不是简单的通配符模式。-regexp 和-exact 选项是互斥的，只能使用一个。
- -exact：将通配符视为普通字符。
- -nocase：在匹配过程中，不区分大小写。

llength 用于计算列表中元素的个数，将 list 视为列表，并返回一个十进制字符串，该字符串表示其中元素的个数。

lsort 用于对列表中的元素进行排序，它为排序方式提供多种选项（包括 ASCII 顺序、字典顺序、整数或浮点数大小等）。其选项如下。

- -unique：去除重复元素，只保留最后一个重复项。
- -ascii：按 ASCII 表的字符顺序排序（默认方式）。
- -dictionary：按字典顺序排序，忽略大小写，并将数字作为数值处理。
- -real：将列表元素转换为浮点数并按数值排序。
- -integer：将列表元素转换为整数并按大小关系排序。
- -indices：返回排序后元素在原列表中的索引。
- -command：使用自定义命令进行比较。

以下代码用于优化设计的布局，减少布线拥塞，提高时序性能。

```
puts "###################################"
puts "START config_place: [date]"
set_db opt_max_length 1000  //设置最大布线长度
set_db opt_useful_skew false  //禁用有用的偏斜
set_db opt_fix_fanout_load true  //启用修复扇出负载
sct_db opt_new_inst_prefix U${g_task_name}  //设置新实例的前缀
puts "END config_place: [date]"
```

以下代码用于优化标准单元和宏单元的布局，提高设计的性能。

```
puts "################################"
puts "START place_opt: [date]"
#eval "place_opt_design -report_dir ${g_rptdir}/reports $var(psy,invs_place_opt_option)"
place_opt_design
puts "END place_opt: [date]"
```

以下代码用于将结果写入对应的输出文件，包括更新后的 bxlsoc_top.enc.dat 文件，以及设计的顶层代码文件。

```
puts "################################"
puts "START write_results: [date]"
write_db ${g_rptdir}/${g_design_name}.enc.dat
...
puts "END write_results: [date]"
```

5.3.3　执行物理综合脚本

物理综合通过执行/FLOW_INVS/30_PSY/RUN 目录下的 run.csh 文件完成。进入 RUN 目录，在用 ll 命令列出的文件的详细信息中，可以看到该文件。

```
[text@iceda RUN]$ pwd
/home/text/test/longxin20240904/FLOW_INVS/30_PSY/RUN
[text@iceda RUN]$ ll
total 4
-rwxr-xr-x 1 text text 668 Jun  3  2024 run.csh
```

在命令行中，输入./run.csh 以执行该文件。

```
[text@iceda RUN]$pwd
/home/text/test/longxin20240904/FLOW_INVS/30_PSY/RUN
[text@iceda RUN]$ ./run.csh
```

部分执行过程如下。

```
[text@iceda RUN]$ ./run.csh
+ innovus -stylus -64 -no_gui -execute 'source -quiet ../SCRIPTS/PHYSYN_INVS.tcl'
-overwrite -log INNOVUS_run.log
Cadence Innovus(TM) Implementation System.
...
```

执行完成之后，显示下面的结果。

```
*** Message Summary: 1567 warning(s), 202 error(s)
...
*** Message Summary: 1568 warning(s), 202 error(s)
--- Ending "Innovus" (totcpu=0:01:09, real=0:04:26, mem=2161.6M) ---
```

此时，使用命令 innovus -stylus -64 打开 Innovus 工具。

```
[text@iceda RUN]$ innovus -stylus -64
Cadence Innovus(TM) Implementation System.
Copyright 2021 Cadence Design Systems, Inc. All rights reserved worldwide.
...
@innovus 1>
```

输入命令 read_db ../WORK/exports/bx1soc_top.enc.dat 以执行相应文件。

```
@innovus 1> read_db ../WORK/exports/bx1soc_top.enc.dat
#% Begin load design ... (date=02/12 01:57:07, mem=719.2M)
```

```
##  Process: 130            (User Set)
...
*** Message Summary: 1558 warning(s), 202 error(s)
0
@innovus 5> gui_pan 121.20700 179.52700
```

输出结果如图 5-2 所示。

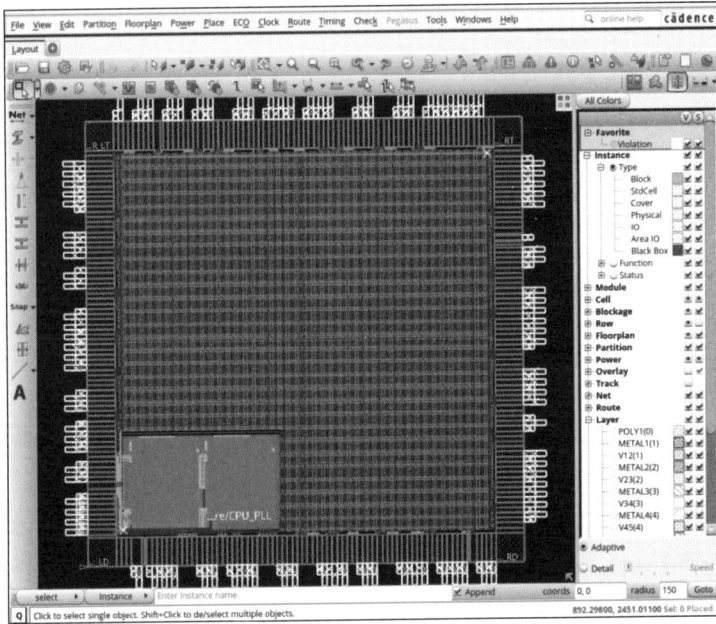

图 5-2　输出结果

此时将布线层视图关闭并放大，可以查看已经放置的单元，如图 5-3 所示。

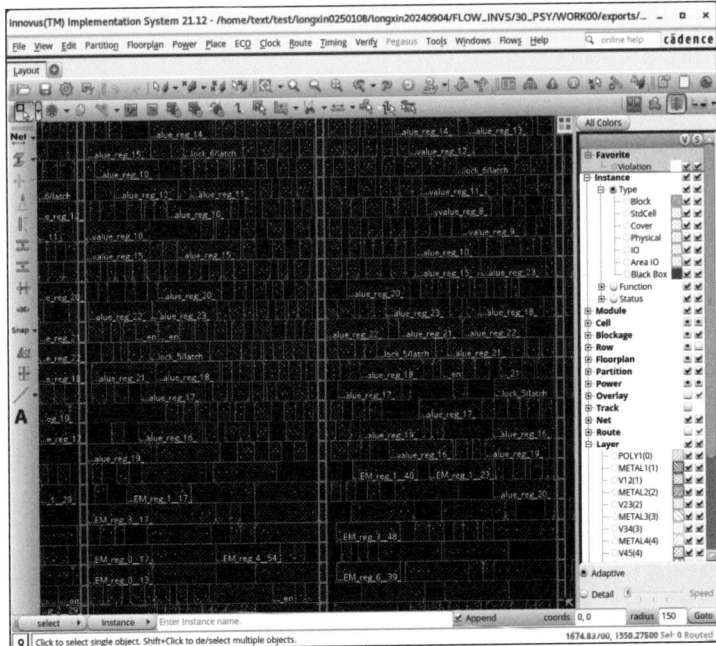

图 5-3　查看已经放置的单元

5.3.4 查看输出文件

时序报告文件的输出位置为 FLOW_INVS/30_PSY/WORK/timingReports/目录。进入这个目录，使用 ls 命令列出其中的文件和子目录。

```
[text@iceda reports]$ cd ../timingReports/
[text@iceda timingReports]$ ls
bx1soc_top_preCTS_all.tarpt.gz
...
bx1soc_top_preCTS.tran.gz
drvFailureReason
splitFailureReason
```

关于文件的说明如下。

- .tarpt.gz 文件用于存储顶层设计中的时序信息。
- .cap.gz 文件包含设计中寄生参数提取的相关信息，用于后续的时序分析。
- .fanout.gz 文件包含设计的扇出信息，用于优化布局布线。
- .length.gz 文件用于存储设计中线网的长度信息。
- _preCTS_default.tarpt.gz 文件用于存储预时钟树综合的默认配置。
- _reg2cgate.tarpt.gz 文件包含寄存器到时钟门控的相关信息，用于时序分析。
- .tran.gz 文件包含布线的传输延时信息。
- _reg2reg.tarpt.gz 文件包含寄存器到寄存器路径的相关信息，用于时序分析。
- _reg2reg._default.tarpt.gz 文件包含时序驱动的全局布线中寄存器到寄存器路径的默认配置信息。

设计存档文件的输出位置是 bx1soc_top.enc.dat/目录。进入这个目录，使用 ls 命令可以列出其中的文件和子目录。

```
[text@iceda exports]$ cd bx1soc_top.enc.dat/
[text@iceda bx1soc_top.enc.dat]$ ls
AAE                   bx1soc_top.opconds         gui.pref.tcl
bx1soc_top.aae.settings  bx1soc_top.pg.gz        inn.cmd.gz
...
bx1soc_top.mode       flowstep
```

关于文件的说明如下。

- .aae 文件为软件配置文件，用于设置特定的分析或优化选项。
- .congmap.gz 文件是压缩的数据库文件，包含设计的详细信息，如单元位置、连接关系等。
- .marker 文件是标记文件，用于记录设计中的特定区域或单元，以便后续分析。
- .metric.gz 文件是压缩的度量文件，包含设计的各种性能指标，如时序、功耗等。
- .mode 文件是模式文件，用于定义设计的运行模式或者操作条件。
- .power_constraints.tcl 文件用于定义设计的功耗约束。在整个设计中，剩下每个阶段的导入文件中都有这个文件，但是在导出时有些不一样，所以在剩下阶段的文件导入/导出中将不介绍该文件。

5.4 执行时钟树综合

在时钟树综合阶段主要完成时钟信号的传播，并进行时序优化，输出.v 网表以及 Innovus 格式的数据库文件 bx1soc_top.enc.dat。

这一步的输入文件为上一步输出的 bxlsoc_top.enc.dat 文件，这里不重复介绍。

5.4.1　准备脚本

CLKSYN_INVS.tcl 文件位于 FLOW_INVS/40_CTS/SCRIPTS 目录中，为布图阶段的主脚本，主要实现标准单元的摆放与布局时序优化，在 reports 子目录下生成时序报告。接下来展示该文件的内容。

以下代码用于指定时序分析中使用的视图（包括用于检查建立时间和保持时间的视图），同时更新和配置时序分析场景的选项（包括时序分析的条件、约束以及优化目标等）。通过这些选项，确保设计在不同的操作条件（如工艺角、电压、温度等）下满足时序要求。

```
puts "#################################"
puts "START update_scenarios options: [date]"
set_analysis_view -setup $var(cts,setup_view_options) -hold $var(cts,hold_view_options)
puts "END check_timing: [date]"
```

set_analysis_view 用于定义建立时序和保持时序的分析视图，必须至少定义一个建立时序和保持时序的分析视图。其选项如下。

- -help：输出帮助信息。
- -drv：允许设置动态结果视图（dynamic result view）。
- -dynamic：将视图设置为动态视图。
- -hold：用于设置保持时序的分析视图，默认第一个视图为活动视图。
- -inactive：用于将视图设置为时序分析的非活动视图。
- -leakage：将视图设置为漏电视图。
- -setup：用于设置建立时序的分析视图，默认第一个视图为活动视图。

活动视图指当前用于时序分析的视图。这些视图定义特定操作条件下用于时序分析的规则，包括时序约束、延迟角、操作条件。

非活动视图指那些未被激活或未选中的视图，这些视图在设计流程中仍然存在，但不会被当前的分析或优化操作直接使用。

漏电视图是一种特殊的时序分析视图，用于评估设计在特定操作条件下的漏电功耗。

以下代码用于加载非默认的布线规则，确保设计中的关键信号或网络能满足特定的布线要求，从而优化设计的性能、减少布线拥塞，并确保信号完整性。

```
puts "#################################"
puts "START load_ndr: [date]"
    if { [info exists var(common,invs_ndr_file)] } {
        source $var(common,invs_ndr_file)
    }
puts "END load_ndr: [date]"
```

以下代码用于设置全局时钟树的选项，定义时钟树综合的行为，包括缓冲器的选择、时钟偏斜目标，以及最长转换时间目标等，确保时钟信号在设计中均匀分布，同时满足时序要求。另外，其作用还包括定义时钟门控单元、设置布线规则、优化时钟树的负载平衡等。

```
puts "################################"
puts "START global_ctsoptions: [date]"
create_route_type \
    -name clk_ndr \
    -route_rule $var(cts,clock_net_ndr_name) \
    -shield_net VSS -shield_side both_side \
    -bottom_preferred_layer $var(cts,clock_routing_minlayer)
    -top_preferred_layer $var(cts,clock_routing_maxlayer) //指定布线的最低优先层和最高优先层
create_route_type -name clk_dr  //创建布线规则
set_db cts_route_type_top   clk_ndr  //设置时钟树综合的顶层布线规则
set_db cts_route_type_trunk clk_ndr  //设置时钟树综合的主干布线规则
set_db cts_route_type_leaf  clk_dr //设置时钟综合的叶节点布线规则
set_db cts_update_clock_latency true
set_db cts_use_inverters true  //使用反相器
set_db cts_max_fanout       $var(cts,clock_max_fanout)  //设置最大扇出
//设置时钟树中从源到汇的最大网长
set_db cts_max_source_to_sink_net_length $var(cts,clock_max_netlength)
//设置时钟树的最长转换时间目标
set_db cts_target_max_transition_time   $var(cts,clock_max_transition)ns
//设置时钟树的时钟偏斜目标
set_db cts_target_skew $var(cts,clock_target_skew)ns
set_db ccopt_merge_clock_gates false  //在时钟优化过程中不合并时钟门控单元
set_db ccopt_merge_clock_logic false  //在时钟优化过程中不合并时钟逻辑
set_db cts_merge_clock_gates    false  //在时钟树综合过程中不合并时钟门控单元
set_db cts_merge_clock_logic    false  //在时钟树综合过程中不合并时钟逻辑
set_db opt_useful_skew_ccopt none  //在时钟优化过程中不启用有用的偏斜
set_db opt_new_inst_prefix   U${g_task_name} //设置新实例的前缀
set_db timing_analysis_type ocv  //设置时序分析的类型
set_db timing_analysis_cppr both  //在时序分析中移除公共路径悲观度
//设置布线规则
set_db route_design_detail_use_multi_cut_via_effort high ;# for clock route multiCut is
better
puts "END  global_ctsoptions: [date]  "
```

下面介绍代码中涉及的一些常见名词。

- 最长转换时间：信号在上升或下降过程中允许的最长时间。
- 时钟偏斜：时钟信号到达不同寄存器的时间差异。
- 时钟逻辑：与时钟信号相关的逻辑电路，通常用于生成、分配和控制时钟信号。
- 时钟门控：一种低功耗设计技术，通过在时钟路径上插入门控逻辑减少不必要的时钟切换，通常用于控制时钟信号的开关，以降低功耗。
- 有用的偏斜：为了提高性能在时序优化中故意引入的时钟偏斜。
- 公共路径悲观度：在时序分析中，对时钟树的公共路径应用不同的降额系数导致过于悲观的时序计算。

以下代码用于设置单元的作用，因为某些单元可能需要特殊处理，例如，在时钟综合过程中被保留或优化。这一步可以优化时钟树的性能，降低功耗，并确保时钟信号的完整性和时序收敛。

```
puts "################################"
puts "START define_ctscells: [date]"
set_db cts_inverter_cells "$var(cts,invs_cts_invs)"
set_db cts_clock_gating_cells "$var(cts,invs_cts_ckgs)"
puts "END define_ctscells: [date]"
```

使用以下代码对时钟树优化进行相关的配置并设置相关规范。这一步主要定义在时钟树综合过程中如何处理时钟信号，以提高时钟信号的完整性、降低功耗，确保时序收敛。

```
puts "###################################"
puts "START ccopt_spec: [date]"
...
//遍历所有时钟偏斜组，并设置目标插入延时为自动模式
foreach sg [get_db skew_groups *] { set_db $sg .cts_skew_group_target_insertion_delay
auto }
puts "END ccopt_spec: [date]"
```

使用以下代码生成时钟树分析和时钟树优化报告。

```
puts "###################################"
puts "START clock_synthesis: [date]"
eval ccopt_design -report_prefix ${g_design_name}_cts -report_dir ${g_rptdir}/reports
puts "END clock_synthesis: [date]"
```

使用以下代码生成时钟树综合报告。

```
puts "###################################"
puts "START report_cts: [date]"
report_clock_trees -out_file ${g_rptdir}/reports/${g_design_name}.clock_trees.rpt
report_skew_groups -out_file ${g_rptdir}/reports/${g_design_name}.skew_groups.rpt
puts "END report_cts: [date]"
```

将输出结果写入文件中，并将输出结果链接到 outputs 文件夹。

```
puts "###################################"
puts "START write_results: [date]"
...
puts "END write_results: [date]"
```

5.4.2　执行时钟树综合脚本

执行代码的 run.csh 文件在 FLOW_INVS/40_CTS/RUN 目录中。使用 ll 命令列出文件的详细信息。

```
[text@iceda RUN]$ pwd
/home/text/test/longxin20240904/FLOW_INVS/40_CTS/RUN
[text@iceda RUN]$ ll
total 4
-rwxr-xr-x 1 text text 668 Jun  3  2024 run.csh
```

在命令行中，输入./run.csh 以执行该文件。

```
[text@iceda RUN]$pwd
/home/text/test/longxin20240904/FLOW_INVS/40_CTS/RUN
[text@iceda RUN]$ ./run.csh
```

执行过程如下。

```
[text@iceda RUN]$ ./run.csh
+ innovus -64 -stylus -no_gui -execute 'source -quiet ../SCRIPTS/CLKSYN_INVS.tcl'
-overwrite -log INNOVUS_run.log
```

```
Version: v21.12-s106_1, built Wed Dec 8 18:19:02 PST 2021
 ...
```

执行完成之后，显示以下结果。

```
...
END   write_results:
*** Memory Usage v#1 (Current mem = 6356.418M, initial mem = 319.363M) ***
*** Message Summary: 3545 warning(s), 219 error(s)

--- Ending "Innovus" (totcpu=2:29:20, real=0:42:54, mem=6356.4M) ---
[text@iceda RUN]$ ls
innovus.cmd  innovus.log  innovus.logv  PHYSYN_INVS.WORK00.run.log  run.csh
```

5.4.3　查看输出文件

在时钟树综合阶段，输出 bx1soc_top_init_shield.rpt 和 bx1soc_top_init_wire.rpt 文件，这两个文件都用于后续的布线阶段。

bx1soc_top_init_shield.rpt 和 bx1soc_top_init_wire.rpt 文件的输出位置为 FLOW_INVS/40_CTS/WORK 目录。bx1soc_top_init_shield.rpt 文件为工具生成的初始化阶段的屏蔽线的报告。这个报告包含屏蔽线的长度、层次以及屏蔽线的平均屏蔽率。bx1soc_top_init_wire.rpt 文件为工具生成的初始化阶段的布线的报告。这个报告包含每个模块或标准单元中信号对应的线名、信号引脚的连接数量、信号孔洞的连接数量、曼哈顿长度、信号线总长度和金属层次的信息。

FLOW_INVS/40_CTS/WORK/reports 目录包含时钟树综合阶段产生的各种报告，其中的文件如下。

- .ccopt_spec.tcl 文件：对时钟树优化进行相关的配置并设置相关规范的文件。
- .skew_groups.rpt 文件：时钟组偏斜报告。
- .clock_trees.rpt 文件：时钟树综合报告。
- *_cts_*.gz 文件（符号*为占位符，指代省略的内容）：在时钟树综合过程中产生的报告的压缩文件，包括扇出、长度、寄存器、门控时钟等参数。

5.5　执行保持时间修复

5.5.1　准备脚本

FIXHOLD_INVS.tcl 文件的位置为 FLOW_INVS/50_FHD/SCRIPTS 目录，为时序修复的主脚本，主要实现时序优化并在 reports 子目录下生成时序报告。接下来介绍该文件的内容。

以下代码用于更新时序分析的场景选项设置，包括保持时序的修复以及可用延时单元的获取。

```
puts "###################################"
puts "START update_scenarios: [date]"
set_analysis_view -setup $var(fhd,setup_view_options) -hold $var(fhd,hold_view_
options)
//定义需要修复保持时序问题的延时单元
set t_hold_delay_cells $var(common,fix_hold_delay_cells)
set _g_hold_delay_cells [eval_legacy {dbGet [dbGet
```

```
head.allCells {.isBuffer == 1 && .isSequential == 0 && .dontUse == 0}].name}]
//获取所有可用的延时单元
    foreach oneCel $t_hold_delay_cells {
        foreach oneRef [get_db lib_cells .base_name [regsub {^.*/} $oneCel ""]] {
        lappend _g_hold_delay_cells $oneRef
    }}
//将可用的延时单元设置为修复保持时序问题的单元
set_db opt_fix_hold_lib_cells ${_g_hold_delay_cells}
unset _g_hold_delay_cells
puts "END update_scenarios: [date]"
```

在时钟树综合之后，对设计（特别是针对保持时间的问题）进行增量优化，目的是在不重新执行整个优化流程的情况下，对设计进行局部调整以优化时序或其他设计指标。

```
puts "###############################"
puts "START physical_opt: [date]"
set_db opt_new_inst_prefix U${g_task_name} //设置在优化过程中新插入的实例的名称前缀
eval opt_design \
    -post_cts \
    -hold \
    -report_dir ${g_rptdir}/reports \
    -report_prefix ${g_design_name}_hold  //指定生成的报告文件的前缀
puts "END   physical_opt: [date] "
```

将输出结果写入文件中，并将输出结果链接到 outputs 文件夹。

```
puts "###############################"
puts "START write_results: [date]"
…
puts "END write_results: [date]"
```

5.5.2　执行保持时间修复脚本

进入 FLOW_INVS/50_FHD/RUN 目录，在用 ll 命令列出的内容中，可以看到 run.csh 这个可执行文件。

```
[text@iceda RUN]$ pwd
/home/text/test/longxin20240904/FLOW_INVS/50_FHD/RUN
[text@iceda RUN]$ ll
total 4
-rwxr-xr-x 1 text text 668 Jun  3 2024 run.csh
```

在命令行中，输入./run.csh 以执行该文件。

```
[text@iceda RUN]$pwd
/home/text/test/longxin20240904/FLOW_INVS/50_FHD/RUN
[text@iceda RUN]$ ./run.csh
```

执行过程如下。

```
[text@iceda RUN]$ ./run.csh
+ innovus -stylus -64 -no_gui -execute 'source -quiet ../SCRIPTS/FIXHOLD_INVS.tcl'
-overwrite -log INNOVUS_run.log

Cadence Innovus(TM) Implementation System.
```

```
Copyright 2021 Cadence Design Systems, Inc. All rights reserved worldwide.

Version: v21.12-s106_1, built Wed Dec 8 18:19:02 PST 2021     ...
```

执行完成之后，输出以下结果。

```
...
END  write_results:
*** Memory Usage v#1 (Current mem = 4270.957M, initial mem = 319.363M) ***
*** Message Summary: 7418 warning(s), 202 error(s)
--- Ending "Innovus" (totcpu=0:22:56, real=0:07:12, mem=4271.0M) --- [text@iceda RUN]$ ls
FIXHOLD_INVS.WORK00.run.log  run.csh
```

5.5.3 查看输出文件

在保持时间的修复阶段，会生成新的数据库文件 bxlsoc_top.enc.dat，该文件在前面介绍过，这里不再介绍。

另外，还会输出相关报告文件。报告文件位于 FLOW_INVS/50_FHD/WORK 目录下。进入该目录，可以查看其中的内容。其中的文件如下。

- .tarpt.gz 文件：压缩的时序分析报告文件，包含特定场景下的时序路径信息。
- *_hold_all.tarpt.gz 文件：包含所有保持时间时序路径的报告。
- *_hold_reg2reg.tarpt.gz 文件：专注于寄存器到寄存器路径的保持时序报告。
- .cap.gz 文件：寄生参数提取报告，包含电阻、电容寄生参数分析结果。
- .summary.gz 文件：时序分析摘要报告，包含时序违例总结报告。
- .fanout.gz 文件：扇出分析报告，包含信号扇出信息。
- .tran.gz 文件：转换分析报告，包含信号转换时间的信息。

5.6 执行布线连接

5.6.1 准备脚本

时序修复的主脚本是 ROUTE_INVS.tcl，它位于 FLOW_INVS/60_ROT/SCRIPTS 目录下。该脚本主要用于实现时序优化并在 reports 子目录下生成时序报告。接下来展示该脚本的内容。

以下代码用于设置详细布线（布线流程中的一个重要步骤，主要目的是修复全局布线和轨道分布阶段产生的 DRC 违规）的选项。

```
puts "################################"
puts "START route_detail_option: [date]"
    if { [info exists var(global,invs_route_detail_options)] }
    { source $var(global,invs_route_detail_options) }
puts "END route_detail_option: [date]"
```

以下代码用于添加高阻态和低阻态单元。这些单元通常用于将未使用的引脚或信号固定到特定的电平，以避免不确定的信号状态，从而提高设计的可靠性和可预测性。

```
puts "################################"
puts "START add_tie_cells: [date]"
```

```
    if { $var(global,enable_tie_cells) } { //判断是否启用 Tie 单元
        set_db add_tieoffs_cells "$var(global,tie_hilo_cells)" //设置 Tie 单元的类型
        set_db add_tieoffs_max_fanout    10  //设置 Tie 单元的最大扇出
        set_db add_tieoffs_max_distance 100  //设置 Tie 单元的最大距离
        //指定要添加的 Tie 单元的名称并为 Tie 单元设置前缀，确认是否在匹配的电源域中添加 Tie 单元
        add_tieoffs -lib_cell "$var(global,tie_hilo_cells)" -prefix TIECELL -matching_
        power_domains true            }
    else {
        echo "No need of tie hi/lo cells"
    }
puts "END add_tie_cells: [date]"
```

以下代码用于进行物理增量优化。

```
puts "###############################"
puts "START route_detail: [date]"
set_db delaycal_enable_si true   //启用信号完整性分析
set_db extract_rc_engine post_route //设置寄生参数的提取引擎
set_db extract_rc_effort_level high  //设置寄生参数的提取精度级别
route_design -no_placement_check  //执行布线优化，但跳过布局检查
set_db extract_rc_effort_level high  //再次设置寄生参数的提取精度级别
puts "END   route_detail: [date]  "
```

其中寄生参数的提取引擎有多种模式，通过 set_db extract_rc_engine 设置。常用的模式如下。

- pre_route：在布线前进行寄生参数提取，用于早期的时序分析和优化，有助于分析寄生效应对信号完整性的影响。
- post_route：在布线完成后进行寄生参数提取，较常用的模式，因为已经完成，所以寄生效应更接近于实际。
- post_cst：在时钟树综合完成后进行寄生参数提取，用于分析时钟信号的寄生效应，确保时钟树的时序满足要求。
- post_place：在单元放置完成后且布线尚未开始时进行寄生参数提取，用于早期的时序分析和优化，有助于分析寄生效应对信号完整性的影响。
- post_route_opt：在布线优化后进行寄生参数提取，用于验证布线优化后的效应，确保优化后的设计满足时序要求。

以下代码将输出结果写入文件中，并将输出结果链接到 outputs 文件夹。

```
puts "###############################"
puts "START write_results: [date]"
…
puts "END write_results: [date]"
```

5.6.2　执行布线连接脚本

执行布线连接的脚本在 FLOW_INVS/60_ROT/RUN 目录中。进入 RUN 目录，在用 ll 命令列出的文件的详细信息中有 run.csh 文件。

```
[text@iceda RUN]$ pwd
/home/text/test/longxin20240904/FLOW_INVS/60_ROT/RUN
[text@iceda RUN]$ ll
```

```
total 4
-rwxr-xr-x 1 text text 668 Jun  3  2024 run.csh
```

在命令行中，输入./run.csh 以执行该文件。

```
[text@iceda RUN]$pwd
/home/text/test/longxin20240904/FLOW_INVS/60_ROT/RUN
[text@iceda RUN]$ ./run.csh
```

执行过程如下。

```
[text@iceda RUN]$ ./run.csh
+ innovus -stylus -64 -no_gui -execute 'source -quiet ../SCRIPTS/ROUTE_INVS.tcl'
-overwrite -log INNOVUS_run.log
...
```

执行完成以后，显示以下结果。

```
...
*** Message Summary: 2614 warning(s), 202 error(s)
--- Ending "Innovus" (totcpu=1:06:05, real=0:14:46, mem=4624.1M) --- [text@iceda RUN]$ ls
ROUTE_INVS.WORK00.run.log  run.csh
```

执行完成之后，将生成存档目录 WORK00，之后每次执行同一个步骤，就会生成序号加 1 的 WORK××目录，并使 WORK 链接到每次执行后新生成的 WORK××目录。

```
[text@iceda 60_ROT]$ pwd
/home/text/test/longxin0250108/longxin20240904/FLOW_INVS/60_ROT
[text@iceda 60_ROT]$ ls
EXPORT  IMPORT  RUN  SCRIPTS  WORK  WORK00
[text@iceda 60_ROT]$
```

此时，使用命令 innovus -stylus -64 打开 Innovus 工具。

```
[text@iceda RUN]$ innovus -stylus -64
Cadence Innovus(TM) Implementation System.
Copyright 2021 Cadence Design Systems, Inc. All rights reserved worldwide.
Version:  v21.12-s106_1, built Wed Dec 8 18:19:02 PST 2021
Options:  -stylus
...
@innovus 1>
```

输入命令 read_db ../WORK/exports/bx1soc_top.enc.dat，载入布局好的设计以进行查看。

```
@innovus 1> read_db ../WORK/exports/bx1soc_top.enc.dat
#% Begin load design ... (date=02/12 01:57:07, mem=719.2M)
## Process: 130          (User Set)
##    Node: (not set)
...
*** Message Summary: 1558 warning(s), 202 error(s)
0
@innovus 5> gui_pan 121.20700 179.52700
```

输出结果如图 5-4 所示。

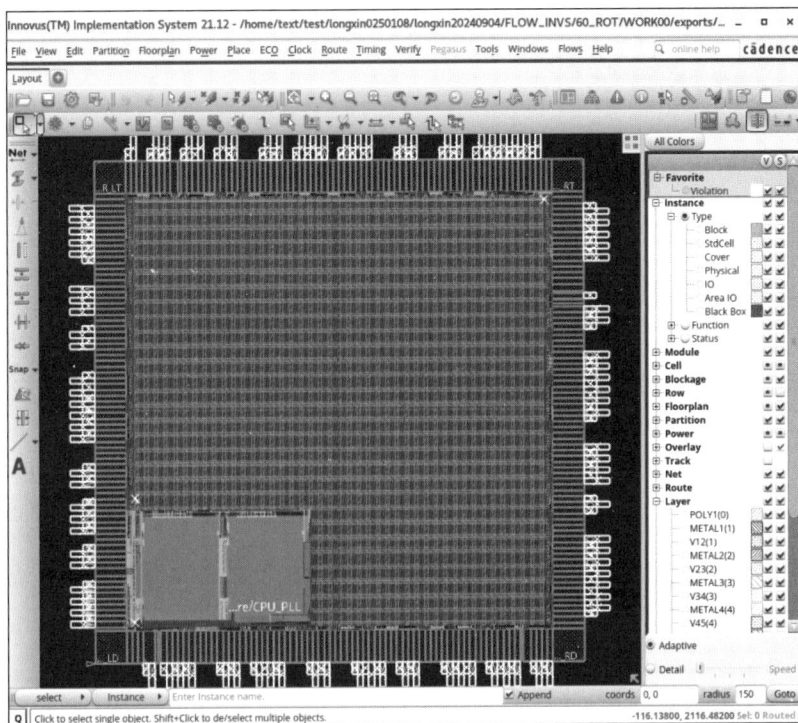

图 5-4　输出结果

此时，滚动鼠标的滚轮，查看已完成布线的细节，如图 5-5 所示。

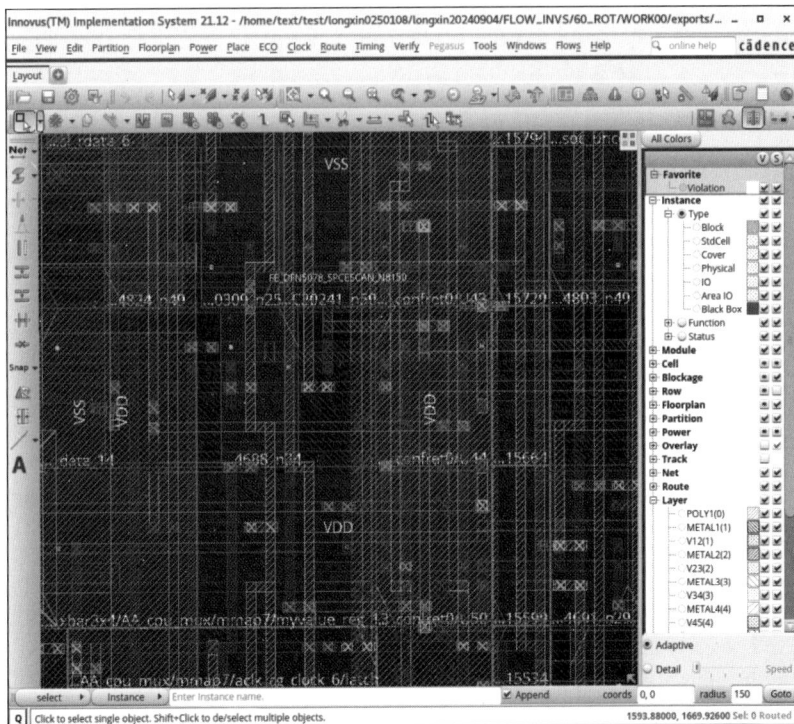

图 5-5　查看已完成布线的细节

输出文件为更新后的数据库文件，这里不再重复介绍。

5.7　执行布线后优化

5.7.1　准备输入文件

布线后优化阶段的输入文件包括上一步输出的数据库文件和 bx1soc_top_filler_insertion_cui.tcl，这里对后者进行简单介绍。

bx1soc_top_filler_insertion_cui.tcl 文件位于 FLOW_INVS/30_FPN/IMPORT/pro 目录下。该文件为关于去耦电容与填充单元的默认脚本。若~/SETUP/seed.tcl 文件中的 var(common, invs_filler_insertion_file)未指定，则默认执行 bx1soc_top_filler_insertion_cui.tcl。其主要作用为优化版图的电气性能和提升制造兼容性。其代码如下。

```
reset_db -category add_fillers  //重置填充单元
add_decap_cell_candidates FDCAPHD64 64 //指定可用的去耦电容单元的名称及其大小
...
//添加去耦电容，包括设置前缀和总的电容值
add_decaps -cells {FDCAPHD64 FDCAPHD32 FDCAPHD16 FDCAPHD8  FDCAPHD4} -prefix DECAP
-total_cap 1e+20
//设置在插入单元时不进行 DRC
set_db add_fillers_with_drc false ;
//在版图中插入填充单元
add_fillers -base_cell {F_FILLHD16 F_FILLHD8 F_FILLHD4 F_FILLHD2} -prefix FILLER
add_fillers -base_cell {F_FILLHD1} -prefix FILLER
```

在编写这部分代码的时候，选择的去耦电容和填充单元应与工艺库中的一致并满足设计的电气要求，在插入填充单元时可以不进行 DRC，但是在最终版图中仍需要进行 DRC 以确保符合设备制造要求。

5.7.2　准备脚本

布线后优化的主脚本是 POSTROUTE_INVS.tcl，它位于 FLOW_INVS/70_PRO/SCRIPTS 目录下。该脚本主要用于实现布线后的时序优化以及物理填充单元的插入。接下来展示该脚本的内容。

以下代码设置详细布线的选项。

```
puts "################################"
puts "START route_detail_option: [date]"
...
puts "END route_detail_option: [date]"
```

以下代码在设计中进行布线优化操作，包括对设计的时序、信号完整性和布线质量进行优化。

```
puts "################################"
puts "START route_optimization: [date]  "
set_db timing_analysis_type ocv  //设置时序分析的类型
set_db timing_analysis_cppr both  //设置时序分析的 CPPR 模式
set_db delaycal_enable_si true  //启用信号完整性分析
set_db extract_rc_engine post_route  //设置寄生参数的提取引擎
set_db extract_rc_effort_level low //设置寄生参数的提取精度级别
set_db opt_new_inst_prefix U${g_task_name} //设置优化选项并执行布线后优化
opt_design \
```

```
          -post_route \
          -report_dir ${g_rptdir}/reports \
          -report_prefix ${g_design_name}_pro \
          -setup -hold //优化时考虑保持时序
  set_db route_design_with_timing_driven false   //禁用时序驱动布线
  //启用详细布线阶段的过孔优化和多切割过孔
  set_db route_design_detail_post_route_swap_via multiCut
  route_design -via_opt  //执行布线优化，优化过孔的使用
  puts "END   route_optimization: [date]  "
```

在这部分代码中，首先，根据设计，选择合适的提取精度级别，低提取精度级别适合快速优化，高提取级别适合最终验证；其次，根据设计需求，选择是否启用时序驱动布线；优化后，重新验证设计，确保优化没有引入新的问题。

下面对上述代码所涉及的名称进行解释。

- 片上变化（On-Chip Variation，OCV）：在芯片制造过程中，工艺、电压、温度等因素的变化导致电路的实际性能与设计预期存在偏差。OCV 分析的目的是在时序分析中考虑这些变化，以确保设计在不同条件下都能满足时序要求。
- 公共路径悲观度消除（Common Path Pessimism Removal，CPPR）：在时序分析中去除公共路径上的悲观度估计。在时序分析中，信号路径可能会经过多个单元，其中一些单元的延时变化可能会相互抵消。CPRR 技术通过识别这些公共路径，并去除它们对时序分析的悲观度影响，从而提高时序分析的准确性。
- 时序驱动布线：一种优化布线策略，目的是通过考虑信号的时序要求优化布线路径。其目标是确保信号能够在规定的时间内到达目标位置，同时最小化布线延时和串扰。

以下代码在设计中执行布线后的工程变更指令（Engineering Change Order，ECO），并在满足条件时插入填充单元。在设计中，ECO 是指在设计完成后对设计进行的修改，以修复时序问题、功耗问题或其他设计问题。布线 ECO 通常涉及对布线路径的调整、单元的重新插入或替换等操作。

```
  puts "############################"
  puts "START route_finish: [date]"
      if { [info exists var(common,invs_filler_insertion_file)] } {
          source $var(common,invs_filler_insertion_file)
      }
  puts "END route_finish: [date]"
```

以下代码将输出结果写入文件中，并将输出结果链接到 outputs 文件夹。在这部分代码中，删除不需要的设计结构可以简化电路，减少资源浪费并提高设计的可维护性。

```
  puts "############################"
  puts "START write_results: [date]"
              delete_assigns  //删除设计中空的冗余赋值语句
          delete_empty_hinsts //删除空的层次实例
  …
  puts "END write_results: [date]"
```

5.7.3　执行布线后优化脚本

进入 FLOW_INVS/70_PRO/RUN 目录，在用 ll 命令列出的文件的详细内容中可以发现 run.csh。

```
[text@iceda RUN]$ pwd
/home/text/test/longxin20240904/FLOW_INVS/70_PRO/RUN
[text@iceda RUN]$ ll
total 4
-rwxr-xr-x 1 text text 668 Jun  3  2024 run.csh
```

在命令行中，输入./run.csh 以执行 run.csh 文件。

```
[text@iceda RUN]$pwd
/home/text/test/longxin20240904/FLOW_INVS/70_PRO/RUN
[text@iceda RUN]$ ./run.csh
```

执行过程如下。

```
[text@iceda RUN]$ ./run.csh
+ innovus -stylus -64 -no_gui -execute 'source -quiet ../SCRIPTS/POSTROUTE_INVS.tcl'
-overwrite -log INNOVUS_run.log
Version:        v21.12-s106_1, built Wed Dec 8 18:19:02 PST 2021
...
```

执行完成以后，显示的结果如下。

```
*** Message Summary: 10739 warning(s), 202 error(s)
--- Ending "Innovus" (totcpu=2:51:24, real=0:46:08, mem=6445.7M) --- [text@iceda RUN]$ ls
POSTROUTE_INVS.WORK00.run.log  run.csh
```

执行完成之后，将生成 WORK00 目录（在用 ls 命令列出 FLOW_INVS/70_PRO 的文件和子目录之后，可以看到）。

```
[text@iceda 70_PRO]$ pwd
/home/text/test/longxin0250108/longxin20240904/FLOW_INVS/70_PRO
[text@iceda 70_PRO]$ ls
EXPORT  IMPORT  RUN  SCRIPTS  WORK  WORK00
[text@iceda 70_PRO]$
```

此时，进入 RUN 目录，使用命令 innovus -stylus -64 打开 Innovus 工具。

```
[text@iceda RUN]$ innovus -stylus -64
Cadence Innovus(TM) Implementation System.
Copyright 2021 Cadence Design Systems, Inc. All rights reserved worldwide.
 ...
@innovus 1>
```

输入命令 read_db ../WORK/exports/bx1soc_top.enc.dat，载入设计以进行查看。

```
@innovus 1> read_db ../WORK/exports/bx1soc_top.enc.dat
#% Begin load design ... (date=02/12 01:57:07, mem=719.2M)
##  Process: 130          (User Set)
...
*** Message Summary: 1558 warning(s), 202 error(s)
0
@innovus 5> gui_pan 121.20700 179.52700
```

输出结果如图 5-6 所示。

此时滚动鼠标的滚轮，查看布线后优化的细节，可以看到每条线都有名称，如图 5-7 所示。

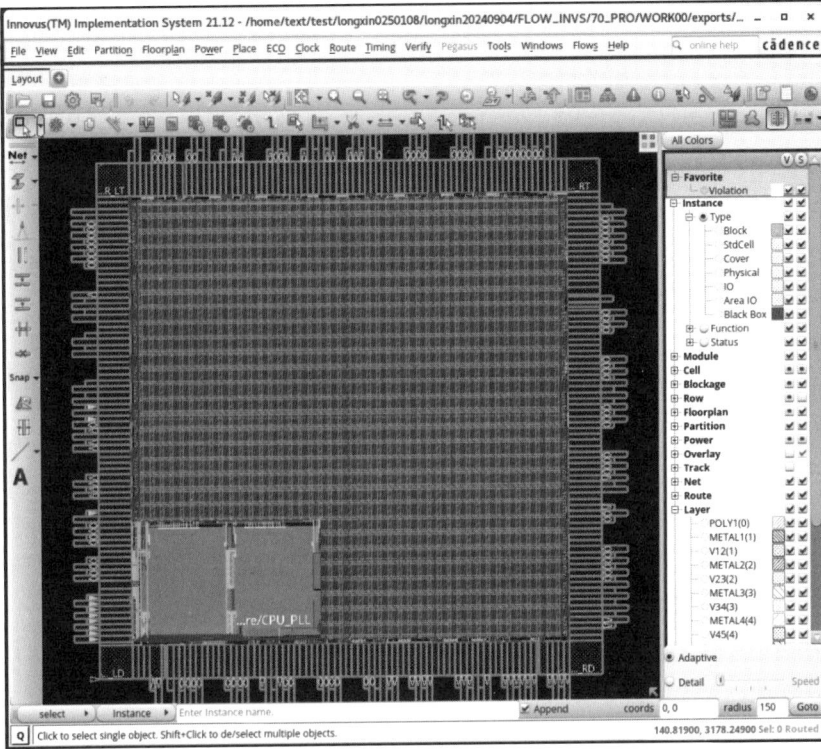

图 5-6　输出结果

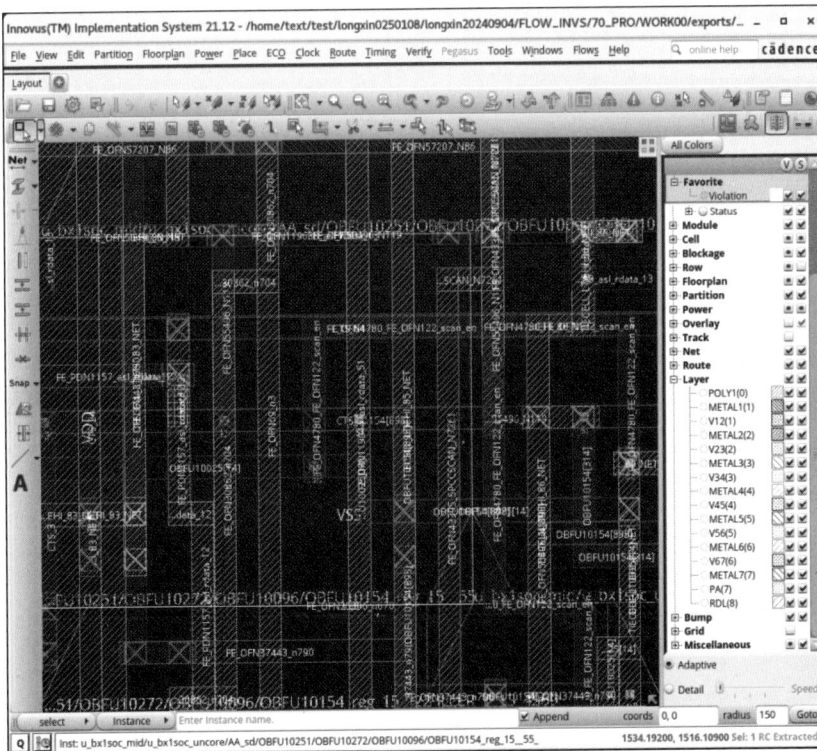

图 5-7　查看布线后优化的细节

5.7.4 查看输出文件

在布线后优化阶段，输出相关报告以及更新之后的数据库文件。这里只简单介绍输出的 reports 文件夹中的文件。该组文件包含布线后优化阶段产生的各种报告。进入 reports 文件夹，可以看到相关报告。其中的文件和文件类型如下。

- *_all_*：所有时序路径的分析报告。
- *_default_*：默认设置下的时序分析报告。
- *_reg2reg_*：寄存器到寄存器路径的时序分析。
- *_reg2cgate_*：寄存器到时钟门控路径的时序分析。
- *_hold_*：保持时序分析报告。
- *_setup_*：建立时序分析报告。
- .cap.gz 文件：压缩的寄生参数提取报告，包含电容等寄生参数的分析结果。
- .fanout.gz 文件：压缩的扇出分析报告，记录信号的扇出信息。
- .length.gz 文件：压缩的布线长度分析报告。
- .summary.gz 文件：压缩的时序分析摘要报告。
- .SIGlitches.rpt.gz 文件：压缩的信号完整性分析报告，记录信号完整性（如串扰、反射等）。
- .tran.gz 文件：压缩的转换分析报告，记录信号转换时间信息。
- .holdsummary.gz 文件：保持时序分析的摘要报告，提供保持时序违例的总结信息。

5.8 执行设计文件输出

在设计文件输出阶段，主要完成设计数据（如网表、DEF 文件、GDS 文件等）的导出。

5.8.1 准备输入文件

UPLOAD_INVS.tcl 文件的位置为 FLOW_INVS/90_UPD/SCRIPTS 目录。它是设计文件输出的主脚本，主要用于导出设计的网表、DEF（Design Exchange Format，设计交换格式）文件、GDS（Graphic Data System，图形数据系统）文件等，以进行签核与修复。接下来展示其内容。

以下代码用于将输出结果写入文件中。这部分代码生成包含版图信息的 DEF 文件，用于后续的验证与制造。通过设置 DEF 文件的写入选项，确保生成的文件包含所需的设计信息。

```
puts "################################"
puts "START write_results: [date]"
...
set_db write_def_include_lef_ndr  false
set_db write_def_include_lef_vias true
//将当前设计的版图信息写入一个压缩的 DEF 文件
write_def -with_shield -floorplan -routing ${g_rptdir}/outputs/${g_design_name}_ all.def.gz
file  link  -symbolic  ${g_rptdir}/exports/${g_design_name}_all.def.gz  ${g_rptdir}/
outputs/${g_design_name}_all.def.gz
puts "END write_results: [date]"
```

以下用于生成和处理 GDS 文件，处理与 GDS 相关的标签和符号并把文件输出到对应的目录中。

```
puts "###############################"
puts "START write_gds: [date]"
…
reset_db -category write_stream   //重置数据库中与流写入相关的设置
set_db write_stream_via_names true   //在 GDS 文件中包含过孔的名称
set_db write_stream_virtual_connection false //不包含虚拟连接
…
-map_file $var(upd,gds_map_file)   //生成 GDS 文件
//将 GDS 文件链接到指定目录
file  link  -symbolic  ${g_rptdir}/exports/${gds_outfile}  ${g_rptdir}/outputs/${gds_
outfile}
…
${g_rptdir}/outputs/${g_design_name}.gdslabels.txt   //生成 GDS 标签文件
…
puts "END write_gds: [date]"
```

5.8.2　执行设计文件输出脚本

在 FLOW_INVS/90_UPD/RUN 目录中，使用 ll 命令列出文件的详细内容，可以发现该目录中有 run.csh 文件。

```
[text@iceda RUN]$ pwd
/home/text/test/longxin20240904/FLOW_INVS/90_UPD/RUN
[text@iceda RUN]$ ll
total 4
-rwxr-xr-x 1 text text 668 Jun  3  2024 run.csh
```

在命令行中，输入 ./run.csh 以执行该文件。

```
[text@iceda RUN]$pwd
/home/text/test/longxin20240904/FLOW_INVS/90_UPD/RUN
[text@iceda RUN]$ ./run.csh
```

执行过程如下。

```
[text@iceda RUN]$ ./run.csh
+ innovus -stylus -64 -no_gui -execute 'source -quiet ../SCRIPTS/UPLOAD_INVS.tcl'
-overwrite -log INNOVUS_run.log
Version:       v21.12-s106_1, built Wed Dec 8 18:19:02 PST 2021
 …
```

执行完成以后，输出的结果如下。

```
…
*** Message Summary: 1680 warning(s), 203 error(s)

--- Ending "Innovus" (totcpu=0:01:38, real=0:01:18, mem=2712.5M) --- [text@iceda RUN]$ ls
run.csh  UPLOAD_INVS.WORK01.run.log
```

执行完成之后，将生成 WORK00 目录（在用 ls 命令列出 FLOW_INVS/90_UPD 的文件和子目录之后，可以看到）。

```
[text@iceda 90_UPD]$ pwd
/home/text/test/longxin0250108/longxin20240904/FLOW_INVS/90_UPD
```

```
[text@iceda 90_UPD]$ ls
EXPORT  IMPORT  RUN  SCRIPTS  WORK  WORK00
[text@iceda 90_UPD]$
```

5.8.3　查看输出文件

　　设计文件输出阶段为布局布线的最后一个阶段，也就是打包设计输出的阶段。在这个阶段，不仅要输出交付给厂家的 GDS 文件等，还要输出整个设计的物理信息文件（即 DEF 文件）和引脚信息文件。

　　整个设计的 DEF 文件被打包成 bx1soc_top_all.def.gz 压缩文件，可使用 gunzip 命令解压缩。解压缩后的文件位于 FLOW_INVS/90_UPD/WORK/outputs 目录下。使用 ls 命令可以列出其中的文件和子目录。

```
[text@iceda outputs]$ gunzip bx1soc_top_all.def.gz
[text@iceda outputs]$ ls
bx1soc_top_all.def  bx1soc_top.gdslabels.txt  bx1soc_top.v
bx1soc_top.gds.gz   bx1soc_top.pg.v
```

　　bx1soc_top.gds.gz 文件为该阶段生成的 GDS 文件。GDS 为后端版图的标准文件格式，其中包含版图的布局布线的物理信息。

　　bx1soc_top.gdslabels.txt 文件位于 FLOW_INVS/60_ROT/WORK/exports 目录下，为设计的引脚名称的 TXT 文档。

第6章 签 核

签核（signoff）指在将设计数据交给制造厂商之前，对设计数据进行复检，确认设计数据达到交付标准的过程。签核是确保设计质量的关键环节，签核在芯片设计中至关重要，因为芯片的制造费用高昂，一旦设计存在问题，可能导致巨大的经济损失。因此，签核阶段的严格检查能够有效避免设计缺陷，确保芯片的性能和可靠性。现代 EDA 工具（如 PrimeTime、Innovus）提供了强大的签核功能，支持自动化时序分析、电源完整性分析和物理验证，可帮助设计人员高效地完成签核流程。

签核的主要工作如下。

- 静态时序分析签核：完成对设计静态时序的检查，关注建立时间检查、保持时间检查、最长传输时间检查、最大电容检查、信号一致性检查。
- 功耗分析签核：完成对设计功耗的检查，关注芯片功耗、电荷迁移，以及静态压降和动态压降等。
- 物理验证签核：完成对设计版图物理验证的检查，关注芯片是否满足工艺设计规则、版图与原理图一致性检查（Layout Versus Schematics，LVS）、天线效应检查、约束驱动逻辑（Constraint-Driven Logic，CDL）生成等。
- 可靠性验证签核：完成对设计可靠性的分析检查，关注静电释放、闩锁效应和电气规则等检查。
- 形式验证签核：对设计的形式验证进行检查，关注最终输出的逻辑网表与最初输入的逻辑网表之间的一致性。
- 约束低功耗签核：对约束低功耗进行检查，关注在低功耗设计中引入的特殊单元、电源域划分方式及组成单元的正确性。

签核的标准如下。

$$签核角=工艺角+VT 角+RC 角+OCV$$

其中，工艺角（process corner）指的是工艺或者生产硅的角，VT 角指的是电压和温度的角，RC 角指的是电阻和电容的角，OCV 指的是片上误差（On-Chip Variation）。

工艺角具有一个范围。芯片制造过程是一个物理过程，存在工艺偏差（包括掺杂浓度、扩散深度、刻蚀程度等），这导致不同批次之间、同一批次不同晶圆之间、同一晶圆不同芯片之间的情况都是不相同的。为了在一定程度上降低数字电路设计的难度，工艺工程师要保证元器件的性能在某个范围内。如果超过这个范围，就将这块芯片报废，通过这种方式保证芯片的良率。这个范围以工艺角的形式给出。其思想是把 NMOS 晶体管和 PMOS 晶体管的速度波动范围限制在由 4 个角所确定的矩形内，即图 6-1 中合格芯片的工艺波动范围内。

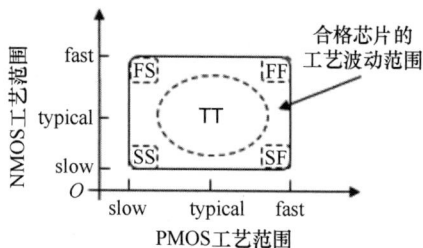

图 6-1　芯片的工艺波动范围

但是对于电路，因为 NMOS 晶体管和 PMOS 晶体管是同时工作的，制造出来的 NMOS 晶体管、PMOS 晶体管的导通速度有快有慢，不同批次或者不同晶圆之间 MOS 晶体管的延时略有不一致，所以会出现 FF（Fast-Fast）工艺角、SS（Slow-Slow）工艺角、FS（Fast-Slow）工艺角、SF（Slow-Fast）和 TT（Typical-Typical）工艺角这 5 种情况。

VT 角严格意义上并不叫角，电压对芯片的影响主要是电压越大，电流越大，电容充放电速度越快，晶体管的电荷迁移速度越快；温度对芯片的影响不如电压对芯片的影响直观，温度影响晶体管的电荷迁移率和压降快慢，并且在 65 nm 工艺前后存在温度反转效应。电压和温度这两个参数最终影响延时，在时序分析时要考虑 IR 下降的值。VT 角一般与工艺角同时考虑，合称 PVT 工艺角。

PVT 工艺角通常包括以下几种情况。

- TT：典型的工艺条件、电压、温度，晶体管的性能处于平均水平。
- FF：快速工艺（如低阈值电压），高电压，高温。NMOS 晶体管和 PMOS 晶体管的性能都处于最快状态，通常对应较低的阈值电压和较高的迁移率。
- SS：慢速工艺（如高阈值电压），低电压，低温。NMOS 晶体管和 PMOS 晶体管的性能都处于最慢状态，通常对应较高的阈值电压和较低的迁移率。
- FS：快速工艺，低电压，低温，NMOS 晶体管处于快速状态，而 PMOS 晶体管处于慢速状态。
- SF：慢速工艺，高电压，高温。NMOS 晶体管处于慢速状态，而 PMOS 晶体管处于快速状态。

在签核过程中，设计人员需要在不同 PVT 条件下进行仿真，确保满足以下条件。

- 电路能在所有场景下正常工作（避免 PVT 变化导致电路失效）。
- 时序收敛。
- 可进行功耗分析，在快速 PVT 角下预测最坏的功耗情况。

除了 PVT 工艺角，还存在 RC 工艺角，其涉及芯片内部互连线的电阻和电容对信号传输的影响。互连线的 RC 效应会影响信号的延时和功耗，尤其是在高速或高密度的集成电路设计中。RC 工艺角通常包括以下两种情况。

- 最优的 RC 条件，如最短的互连线和最小的电容。
- 最差的 RC 条件，如最长的互连线和最大的电容。

本章后面讨论丽湖霸下 BX2400 的签核。

6.2　形式验证

形式验证使用数学工具来比较待验证的设计和规范的设计。与传统的仿真不同的是，形式验证无须输入测试向量，它比较的只是逻辑功能的一致性，与物理设计（如布局、时序）无关。形式验证以规范、标准的设计为依据，不依赖测试向量，分析待比较设计和标准设计的差异。形式验证的速度比传统仿真的速度更快，且提供 100%的覆盖率。

然而，形式验证只保证功能正确，时序的分析依靠静态时序分析，形式验证不能完成时序正确性的分析，它只证明在时序正确的前提下，功能是正确的，所以静态时序分析也必须进行。同时，形式验证比较的依据是经过仿真验证的金设计，所以仿真验证的作用仍无法替代。

形式验证主要应用在两个阶段。

- 寄存器传输级（Register Transfer Level，RTL）代码与综合后的门级网表间的一致性检查。综合是前端、后端工作衔接的一个极其重要的过程。在综合过程中，从前端接收验证无误的设计，并将前端的 RTL 代码转换成门级网表。在综合过程中为适应附加性能，很可能会改变设计，因此需要形式验证以保证综合前后整个设计的功能未发生改变。
- 综合后的门级网表和布局布线后网表的一致性检查。后端工具使用综合后经过形式验证的网表。在进行时序功耗等方面的修复工作时，会增加一些单元甚至调整电路结构。形式验证可以确保后端工具的优化未造成设计功能的改变。当然，也可以直接进行 RTL 代码到布局布线后网表的形式验证，但这会花费更多时间。

实际上，在任何时候对一个电路设计进行了改动之后，都可以使用形式验证工具验证这种改动是否影响或者改变了该设计的逻辑功能。如果证实了改动后的设计和初始设计是等价的，就可以把修改后的设计作为下一次验证时的初始设计。由于结构相似的设计所需要的比较时间较短，因此节省了花费在验证上的时间。

我们将对设计综合后的网表与设计的 RTL 之间进行形式验证的比较，以验证 RTL 代码与综合后的门级网表间的一致性。如果要验证其余设计步骤间设计的功能一致性，可修改本节的参考脚本中的对应部分。

6.2.1　准备输入文件

本节首先介绍与形式验证有关的工作目录。

先输入命令 cd SIGNOFF，切换到 SIGNOFF 目录，再输入 ls 命令，列出当前目录中的文件和子目录。

```
[text@iceda SIGNOFF]$ cd SIGNOFF
[text@iceda SIGNOFF]$ ls
EXPORT  EXTRACTION  FORMAL  GDS_MERGE  IMPORT  TIMING_ANALYSIS  VERIFICATION
```

先输入命令 cd FORMAL，切换到 FORMAL 目录，再输入 ls 命令，列出当前目录中的文件和子目录。

```
[text@iceda SIGNOFF]$ cd FORMAL
[text@iceda FORMAL]$ ls
IMPORT  RUN  SCRIPTS  WORK  WORK00
```

在 FORMAL 目录中，IMPORT 为形式验证中用到的一部分脚本的存放目录，RUN 为执行脚本的工作目录，SCRIPTS 为存放 EDA 脚本的目录，WORK 为生成的过程文件、报告和输出文件的存放目录，基于脚本可以配置多个。

接下来说明形式验证所需的输入文件。

RTL 列表从 seed.tcl 中变量$var(syn,design_import_file)指定的文件中获取，与综合阶段类似。使用以下代码查看 seed.tcl 中设置的 RTL 文件列表的位置。

```
set var(syn,design_import_file)  "$env(G_WORKSPACE)/IMPORT/rtl_list.vcs"
```

rtl_list.vcs 中的部分文件清单如下。

```
bx1soc_proj/rtl/config.h
bx1soc_proj/rtl/iobuf_helper.svh
bx1soc_proj/rtl/bx1soc_top.sv
bx1soc_proj/rtl/bx1soc_mid.v
bx1soc_proj/rtl/bx1soc_uncore.v
...
bx1soc_proj/rtl/DFT/MBIST/ram_rf2shd_512x32_bist.v
bx1soc_proj/rtl/DFT/MBIST/ram_rf2shd_512x32_con.v
```

网表由 IMPORT 目录下 bx1soc_top_fm_define.tcl 文件中的 g_design_import_files 变量指定，在执行 run 命令时会调用 bx1soc_top_fm_define.tcl，从而使 EDA 读入设计网表。在该文件中，通过 set 语句，使 g_design_import_files 变量默认指向$env(G_WORKSPACE)/SIGNOFF/IMPORT/bx1soc_top.v。

```
set g_design_imp_files "$env(G_WORKSPACE)/SIGNOFF/IMPORT/${g_design_name}.v"
```

因为在初始状态下 SIGNOFF/IMPORT 目录下没有这一个.v 网表文件，所以需要将执行 run.csh 的过程中输出的.v 网表复制或链接到这个目录。参考命令如下，要按实际路径修改。

```
cd /home/czl/longxin20240904/SIGNOFF/IMPORT
ln -fs /home/czl/longxin20240904/FLOW_INVS/EXPORT/bx1soc_top.v .
```

使用 ll 命令列出文件的详细信息，如图 6-2 所示。

```
[czl@iceda IMPORT]$ cd /home/czl/longxin20240904/SIGNOFF/IMPORT
[czl@iceda IMPORT]$ ln -fs /home/czl/longxin20240904/FLOW_INVS/00_SYN/EXPORT/bx1soc_top.v .
[czl@iceda IMPORT]$ ll
total 4
lrwxrwxrwx 1 czl czl   77 Dec 31 02:11 bx1soc_top_all.def.gz -> /home/czl/longxin20240904/FLOW_INVS/90_UPD/WORK/exports/bx1soc_top_all.def.gz
lrwxrwxrwx 1 czl czl   73 Jan 21 05:07 bx1soc_top.gds.gz -> /home/czl/longxin20240904/FLOW_INVS/90_UPD/WORK/exports/bx1soc_top.gds.gz
lrwxrwxrwx 1 czl czl   80 Jan 22 01:35 bx1soc_top.gdslabels.txt -> /home/czl/longxin20240904/FLOW_INVS/90_UPD/WORK/exports/bx1soc_top.gdslabels.txt
lrwxrwxrwx 1 czl czl   71 Jan 21 07:15 bx1soc_top.pg.v -> /home/czl/longxin20240904/FLOW_INVS/90_UPD/WORK/exports/bx1soc_top.pg.v
-rwxrwxrwx 1 czl czl 3291 Jun  3 2024 bx1soc_top.sdc
lrwxrwxrwx 1 czl czl   64 Dec 11 01:38 bx1soc_top.svf -> /home/czl/longxin20240904/FLOW_INVS/00_SYN/EXPORT/bx1soc_top.svf
lrwxrwxrwx 1 czl czl   62 Feb 12 04:39 bx1soc_top.v -> /home/czl/longxin20240904/FLOW_INVS/00_SYN/EXPORT/bx1soc_top.v
drwxrwxrwx 3 czl czl  214 Jun  3 2024 cons
```

图 6-2　文件的详细信息

bx1soc_top.v -> /home/czl/longxin20240904/FLOW_INVS/00_SYN/EXPORT/bx1soc_top.v 表示链接是正确的。

bx1soc_top.v 的部分内容如下。

```
//////////////////////////////////////////////////////////
// Created by: Synopsys DC Ultra(TM) in wire load mode
// Version    : P-2019.03-SP5-1
// Date       : Fri Dec 13 03:59:35 2024
//////////////////////////////////////////////////////////

module bx1soc_SNPS_CLOCK_GATE_HIGH_bx1soc_ljtag_ibp_one_entry_3_4 (CLK, EN,
    ENCLK, TE);
    input CLK, EN, TE;
    output ENCLK;

CLKLANQHDV8 latch (.CK(CLK), .E(EN), .TE(TE), .Q(ENCLK));
Endmodule
```

```
...
    AND2HDV0 U40 (.A1(GPIO_i[3]), .A2(n3), .Z(trstn_i));
    AND2HDV0 U41 (.A1(GPIO_i[2]), .A2(n3), .Z(tms_i));
    AND2HDV0 U42 (.A1(gpio_mux_o[0]), .A2(DOTESTn_i), .Z(GPIO_o[0]));
    AND2HDV0 U43 (.A1(gpio_mux_o[2]), .A2(DOTESTn_i), .Z(GPIO_o[2]));
    AND2HDV0 U44 (.A1(gpio_mux_o[3]), .A2(DOTESTn_i), .Z(GPIO_o[3]));
    AND2HDV0 U45 (.A1(gpio_mux_o[1]), .A2(DOTESTn_i), .Z(GPIO_o[1]));
endmodule
```

在逻辑综合优化阶段，Design Compiler 工具会调整组合逻辑的位置，改变 RTL 代码的结构，最终设计的逻辑功能是不会改变的。而 svf 文件是 Design Compiler 综合过程中自动产生的文件，用来记录 Design Compiler 对网表更改的信息，避免在形式验证中 RTL 与门级网表逻辑关系对应不上的问题。

svf 文件由 IMPORT 目录下 bx1soc_top_fm_define.tcl 文件中的 svf_files 变量指定，svf_files 变量默认指向$env(G_WORKSPACE)/SIGNOFF/IMPORT/${g_design_ name}.svf。同样地，要将运行 FORMALITY_VERIFY.run.sh 脚本的过程中生成的 svf 文件复制或链接到 SIGNOFF/IMPORT 目录。参考命令如下，要按下面的实际路径修改。

```
cd /home/czl/longxin20240904/SIGNOFF/IMPORT
ln -fs /home/czl/longxin20240904/FLOW_INVS/EXPORT/bx1soc_top.svf .
```

使用 ll 命令列出文件的详细信息，如图 6-3 所示。

```
[czl@iceda IMPORT]$ cd /home/czl/longxin20240904/SIGNOFF/IMPORT
[czl@iceda IMPORT]$ ln -fs /home/czl/longxin20240904/FLOW_INVS/00_SYN/EXPORT/bx1soc_top.v .
[czl@iceda IMPORT]$ ll
total 4
lrwxrwxrwx 1 czl czl  77 Dec 31 02:11 bx1soc_top_all.def.gz -> /home/czl/longxin20240904/FLOW_INVS/90_UPD/WORK/exports/bx1soc_top_all.def.gz
lrwxrwxrwx 1 czl czl  73 Jan 21 05:07 bx1soc_top.gds.gz -> /home/czl/longxin20240904/FLOW_INVS/90_UPD/WORK/exports/bx1soc_top.gds.gz
lrwxrwxrwx 1 czl czl  80 Jan 22 01:35 bx1soc_top.gdslabels.txt -> /home/czl/longxin20240904/FLOW_INVS/90_UPD/WORK/exports/bx1soc_top.gdslabels.txt
lrwxrwxrwx 1 czl czl  71 Jan 21 07:15 bx1soc_top.pg.v -> /home/czl/longxin20240904/FLOW_INVS/90_UPD/WORK/exports/bx1soc_top.pg.v
-rwxrwxrwx 1 czl czl 3291 Jun  3  2024 bx1soc_top.sdc
lrwxrwxrwx 1 czl czl  64 Dec 31 01:38 bx1soc_top.svf -> /home/czl/longxin20240904/FLOW_INVS/00_SYN/EXPORT/bx1soc_top.svf
lrwxrwxrwx 1 czl czl  62 Feb 12 04:39 bx1soc_top.v -> /home/czl/longxin20240904/FLOW_INVS/00_SYN/EXPORT/bx1soc_top.v
drwxrwxrwx 3 czl czl 214 Jun  3  2024 cons
```

图 6-3 文件的详细信息

bx1soc_top.svf -> /home/czl/longxin20240904/FLOW_INVS/00_SYN/EXPORT/bx1soc_top.svf 表示链接是正确的。

svf 文件为不可读的二进制流文件。

约束文件为 IMPORT/bx1soc_top_user_cons.tcl，该文件通过设置去除扫描链或其他测试结构插入的影响。在本例中，将测试控制模块的输出端口 u_bx1soc_mid/u_bx1soc_uncore/tap_i/scan_en 设置为 0，可过滤所有与扫描相关的电路结构。这部分的正确性可通过测试网表仿真等手段进行确认。该文件的内容如下。

```
set_constant -type port i:/WORK/${g_design_name}/u_bx1soc_mid/u_bx1soc_uncore/tap_i/
scan_en 0
set_constant -type port r:/WORK/${g_design_name}/u_bx1soc_mid/u_bx1soc_uncore/tap_i/
scan_en 0
```

6.2.2 准备脚本

形式验证的相关脚本位于 FORMAL/SCRIPTS 下。

FORMALITY_VERIFY.run.sh 脚本主要用于启动形式验证工具并载入、执行命令。FORMALITY_VERIFY.run.sh 的内容如下。

```sh
#!/bin/sh -eux

cp ../SCRIPTS/synopsys_fm.setup .synopsys_fm.setup //复制 setup 文件到当前目录

fm_shell -64bit -x "source ../SCRIPTS/FORMALITY_VERIFY.tcl"
```

FORMALITY_VERIFY.tcl 脚本是进行形式验证的主要脚本，用于完成整个形式验证过程。形式验证的步骤如下。

（1）读入设计用到的库文件。

（2）读入参考设计（reference design）。

（3）读入实现设计（implementation design）。

（4）读入 svf 文件。

（5）执行验证。

（6）输出存档文件和报告。

FORMALITY_VERIFY.tcl 的内容如下。

```tcl
remove_container r
remove_container i

puts "################################"
puts "START set_gconfig: [date] - cputime [cputime] - HOST: [info hostname] - MEMORY: [mem]"
set g_design_name $env(G_DESIGN_NAME)
set g_task_name    formal
source $env(G_WORKSPACE)/SETUP/seed.tcl   //载入 seed.tcl 脚本
//将 g_design_import_file 变量设置为 bx1soc_top_fm_define.tcl，之后调用
set g_design_import_file "../IMPORT/${g_design_name}_fm_define.tcl"
//将 g_design_cons_file 变量设置为 bx1soc_top_user_cons.tcl，之后调用
set g_design_cons_file "../IMPORT/${g_design_name}_user_cons.tcl"
//读入设计 libs 库，target_libs 和 link_libs 变量在 seed.tcl 中已定义
read_db [concat $var(syn,target_libs) $var(syn,link_libs)]
puts "END   set_gconfig: [date] - cputime [cputime] - HOST: [info hostname] - MEMORY: [mem]"

puts "################################"
puts "START set_hosts: [date] - cputime [cputime] - HOST: [info hostname] - MEMORY: [mem]"
//设置 EDA 使用的 CPU 内核数，cpu_num 在 seed.tcl 中定义
set_host_options -max_cores $var(common,cpu_num)
report_host_options //返回 EDA 使用的 CPU 内核数
puts "END   set_hosts: [date] - cputime [cputime] - HOST: [info hostname] - MEMORY: [mem]"

puts "################################"
puts "START formal_defines: [date] - cputime [cputime] - HOST: [info hostname] - MEMORY: [mem]"
source -v -e ${g_design_import_file} //载入 bx1soc_top_fm_define.tcl
puts "END   formal_defines: [date] - cputime [cputime] - HOST: [info hostname] - MEMORY: [mem]"

puts "################################"
puts "START read_reference: [date] - cputime [cputime] - HOST: [info hostname] - MEMORY: [mem]"
read_sverilog -r -lib WORK $g_design_ref_files //读入 RTL 设计
puts "END   read_reference: [date] - cputime [cputime] - HOST: [info hostname] - MEMORY: [mem]"

puts "################################"
puts "START link_reference: [date] - cputime [cputime] - HOST: [info hostname] - MEMORY: [mem]"
set rstatus [set_top r:/WORK/$g_design_name]
if { ! $rstatus } {
    puts "############################################################
    puts "ERROR: COMMAND link reference design FAILED"
```

```
        puts "#############################################################"
        exit 1
}
puts "END  link_reference: [date] - cputime [cputime] - HOST: [info hostname] - MEMORY: [mem]"

puts "##################################"
puts "START read_implementation: [date] - cputime [cputime] - HOST: [info hostname] -
MEMORY: [mem]"
read_verilog -i -lib WORK $g_design_imp_files
puts "END read_implementation: [date] - cputime [cputime] - HOST: [info hostname] - MEMORY: [mem]"

puts "##################################"
puts "START link_implementation: [date] - cputime [cputime] - HOST: [info hostname] - MEMORY: [mem]"
set istatus [set_top i:/WORK/${g_design_name}]
if { ! $istatus } {
        puts "#############################################################"
        puts "ERROR: COMMAND link implementation design FAILED"
        puts "#############################################################"
        exit 1
}
puts "END  link_implementation: [date] - cputime [cputime] - HOST: [info hostname] - MEMORY: [mem]"

puts "##################################"
puts "START user_constraints: [date] - cputime [cputime] - HOST: [info hostname] - MEMORY: [mem]"
    //载入 bx1soc_top_user_cons.tcl 文件
    if { $g_design_cons_file ne "unknown" } { source -v -e ${g_design_cons_file} }
puts "END  user_constraints: [date] - cputime [cputime] - HOST: [info hostname] - MEMORY: [mem]"

puts "##################################"
puts "START formal_verify: [date] - cputime [cputime] - HOST: [info hostname] - MEMORY: [mem]"
set vstatus [verify]
puts "END  formal_verify: [date] - cputime [cputime] - HOST: [info hostname] - MEMORY: [mem]"

puts "##################################"
puts "START write_results: [date] - cputime [cputime] - HOST: [info hostname] - MEMORY: [mem]"
    if { ! $vstatus } {
        puts "#############################################################"
        puts "ERROR: COMMAND verify design FAILED"
        puts "#############################################################"
        save_session -replace FM_SESSION //保存这次验证过程的存档文件
        file mkdir ${g_rptdir}/reports //创建 reports 目录
        report_unmatched_points > ${g_rptdir}/reports/${g_design_name}_unmatched.rpt
        report_svf_operation -status rejected > ${g_rptdir}/reports/${g_design_name}_
        svf_ rejected.rpt
  }
puts "END  write_results: [date] - cputime [cputime] - HOST: [info hostname] - MEMORY: [mem]"

if { $vstatus } {
    exit
} else {
    exit 1
}
```

  synopsys_fm.setup 脚本用于对 Formality 软件进行设置，一般不需要修改。synopsys_fm.setup 的内容如下。

```
set g_rptdir [pwd]

puts "##################################"
```

```
puts "START setup: [date] - cputime [cputime] - HOST: [info hostname] - MEMORY: [mem]"

set hdlin_warn_on_mismatch_message "FMR_ELAB-145"
set hdlin_error_on_mismatch_message "false"

set dc_tool_path [exec which dc_shell]
set hdlin_dwroot [regsub {/[^/]+/syn/bin/dc_shell$|/bin/dc_shell$} $dc_tool_path ""]

set gui_report_length_limit            50000
set verification_failing_point_limit   1000
set verification_set_undriven_signals  "X"
set verification_clock_gate_hold_mode  low
set hdlin_ignore_full_case             false
set hdlin_ignore_parallel_case         false
set verification_clock_gate_edge_analysis true

set search_path "."

puts "END   setup: [date] - cputime [cputime] - HOST: [info hostname] - MEMORY: [mem]"
```

6.2.3 执行形式验证

进入执行形式验证的 SIGNOFF/FORMAL/RUN 目录，并确保环境参数已经设置。在 RUN 目录下，使用 ls 命令列出其中的文件和子目录。

```
[text@iceda RUN]$ pwd
/home/text/test/longxin0250108/longxin20240904/SIGNOFF/FORMAL/RUN
[text@iceda RUN]$ ls
FORMALITY_VERIFY.WORK00.run.log   run.csh
```

run.csh 文件为执行形式验证的脚本。首先，输入命令 cat run.csh，将 run.csh 文件的内容输出到终端。这个文件主要创建 WORK 目录并编号，以区分多次执行的结果与存放文件。然后，在 WORK 目录下执行 FORMALITY_VERIFY.tcl 脚本并记录日志文件。

```
[text@iceda RUN]$ cat run.csh
#!/bin/csh -f
set mWork='FORMALITY_VERIFY'
set runDir=`basename $PWD`
if ( ${?G_WORKSPACE} && ${runDir} == 'RUN' ) then
    set workDir=`$G_WORKSPACE/SETUP/libs/lsNumberedWorkDir .. WORK`
else
    set cond0=`expr ${runDir} : WORK\[0-9]\[0-9]$`
    if ( ${?G_WORKSPACE} && $cond0 == 6 ) then
        set workDir=${runDir}
    else
        echo "Error: PanGu environment is not set here ..."
        exit 1
    endif
endif
rm -f ../WORK && \
mkdir -p ../${workDir} && \
touch ../${workDir}/${mWork}.run.log && \
ln -fs ../${workDir}/${mWork}.run.log ./${mWork}.${workDir}.run.log && \
cd .. && ln -fs ./${workDir} ./WORK && \
cd $workDir && \
../SCRIPTS/${mWork}.run.sh |& tee -a ./${mWork}.run.log
```

执行的命令为.run.csh。输入命令后，启动 Formality 并运行，运行结果如图 6-4 所示。

```
[czl@iceda RUN]$ ./run.csh
+ cp ../SCRIPTS/synopsys_fm.setup .synopsys_fm.setup
+ fm_shell -64bit -x 'source ../SCRIPTS/FORMALITY_VERIFY.tcl'

                        Formality (R)

          Version P-2019.03-SP5 for linux64 · Oct 15, 2019

              Copyright (c) 1988 - 2019 Synopsys, Inc.
    This software and the associated documentation are proprietary to Synopsys,
  Inc. This software may only be used in accordance with the terms and conditions
    of a written license agreement with Synopsys, Inc. All other use, reproduction,
              or distribution of this software is strictly prohibited.

Build: 5879650
Hostname: iceda
Current time: Wed Feb 12 22:38:56 2025

Loading db file '/home/eda/soft_eda/synopsys/fm/P-2019.03-SP5/libraries/syn/gtech.db'
###################################
START setup: Wed Feb 12 22:38:56 2025 - cputime 1.07 - HOST: iceda.xinhuo.com - MEMORY: 525752
Info:  Use of 'hdlin_warn_on_mismatch_message' is deprecated, using the command 'set_mismatch_message_filter' instead.
Warning:  Message identifiers specified in 'hdlin_warn_on_mismatch_message' will be
          ignored because 'hdlin_error_on_mismatch_message' is set to false.
          All simulation/synthesis mismatch messages will be treated as warnings.
Info:  Use of 'hdlin_error_on_mismatch_message' is deprecated,  using 'set_mismatch_message_filter -warn' instead.
END    setup: Wed Feb 12 22:38:56 2025 - cputime 1.08 - HOST: iceda.xinhuo.com - MEMORY: 526008
Cleared container 'r'
Cleared container 'i'
###################################
```

图 6-4　运行结果

之后等待 Formality 运行并生成日志。完成后需要确认形式验证的结果，同时需要查看输出的 rpt 报告文件。

6.2.4　查看输出文件

本节介绍形式验证的输出文件。

bx1soc_top_unmatched.rpt 的具体内容如下，中间部分已省略。该文件描述了不匹配的设计对象，包括不匹配点的总数和不匹配的设计对象的列表。

```
************************************************
Report          : unmatched_points

Reference       : r:/WORK/bx1soc_top
Implementation  : i:/WORK/bx1soc_top
Version         : P-2019.03-SP5
Date            : Tue Dec 31 01:54:45 2024
************************************************

1710 Unmatched points (61 reference, 1649 implementation):

Ref  DFF r:/WORK/bx1soc_top/u_bx1soc_mid/AA_cpu/id_stage/u_regfile/rf_reg[0][0]

Ref  DFF r:/WORK/bx1soc_top/u_bx1soc_mid/AA_cpu/id_stage/u_regfile/rf_reg[0][10]
...
Und:   undriven signal cut-point
Unk:   unknown signal cut-point]
```

bx1soc_top_svf_rejected.rpt 的具体内容如下，中间部分已省略。该文件描述了有关 svf 操作的信息。

```
************************************************
Report          : svf_operation
                  -status rejected

Reference       : r:/WORK/bx1soc_top
Implementation  : i:/WORK/bx1soc_top
```

```
Version       : P-2019.03-SP5
Date          : Tue Dec 31 01:54:46 2024
*************************************************

## SVF Operation 4155 (Line: 47111) - rename_design.  Status: rejected
## Operation Id: 4155
guide_rename_design \
    -design { SNPS_CLOCK_GATE_HIGH_bx1soc_gen_confret_0 } \
    -new_design { bx1soc_SNPS_CLOCK_GATE_HIGH_bx1soc_gen_confret_0 }

Info:  guide_rename_design 4155 (Line: 47111)  Cannot find reference design 'SNPS_CLO
CK_GATE_HIGH_bx1soc_gen_confret_0'.

...

## SVF Operation 4202 (Line: 47299) - rename_design.  Status: rejected
## Operation Id: 4202
guide_rename_design \
    -design { SNPS_CLOCK_GATE_HIGH_bx1soc_gen_confret_16 } \
    -new_design { bx1soc_SNPS_CLOCK_GATE_HIGH_bx1soc_gen_confret_16 }

Info:  guide_rename_design 4202 (Line: 47299)  Cannot find reference design 'SNPS_
CLOCK_GATE_HIGH_bx1soc_gen_confret_16'.
```

通过 save_session 命令生成 FM_SESSION.fss 存档文件。FM_SESSION.fss 记录了读入的设计和环境设置参数、等价性验证结果和诊断结果。在 Formality 中使用 restore_session FM_SESSION.fss 命令可以打开这个存档文件。

6.3 寄生参数提取

寄生参数提取主要用于根据工艺特点与参数，提取描述线上电阻、线上电容以及寄生电阻、寄生电容的网表文件。提取出的网表文件既可以作为逻辑验证中的版图信息文件，也可以用来进行时序分析、后仿真。

6.3.1 准备输入文件

寄生参数提取的参考流程在 EXTRACTION 子目录下。主要脚本位于 SCRIPTS 子目录的 3 个文件（EXTRACTION_STARRCXT.CONCURRENT.run.sh、CONCURRENT_star_CC.xtcmd 和 corner.CONCURRENT.defs）中。下面介绍提取寄生参数的脚本。

运行 EXTRACTION_STARRCXT.CONCURRENT.run.sh，将执行提取任务，并将 SPEF 文件输出到 EXPORT 目录中。

运行过程中的注意事项如下。

- 提取任务可并行执行，如果在 StarRC 工具的提取命令中定义 NUM_CORES 为 4，则在该脚本中要执行 4 次 StarXtract 命令。
- 在提取过程中要关注报告的短路和开路问题，否则会影响模型的准确性。

CONCURRENT_star_CC.xtcmd 脚本是 StarXtract 命令用于执行提取的脚本，在运行该脚本前要修改以下选项。

- LEF_FILE：指定工艺和单元库的 LEF（Library Exchange Format，库交换格式）文件，

和 Innovus 工具使用的 LEF 文件一致。

- TOP_DEF_FILE：指定包含完整设计信息的 DEF 文件为布局布线阶段输出的 DEF 文件，默认路径指向 SIGNOFF/IMPORT 目录。
- MAPPING_FILE：指定布线层的名称映射文件，文件一般与供应商提供的用于寄生参数提取的参考 NXTGRD 文件同时提供。MAPPING_FILE 包含两列信息，第一列为 DEF 文件中的金属层名称，第二列为 NXTGRD 文件中的金属层名称。
- CORNERS_FILE：指定角文件。

corner.CONCURRENT.defs 脚本定义并行提取的角，运行该脚本需要修改 NXTGRD 文件所在的位置。

6.3.2　执行寄生参数提取

寄生参数的提取需要切换至 RUN 目录，并运行./run.csh（见图 6-5）。

```
[czl@iceda RUN]$ ./run.csh
++ date
++ date +%s
+ echo 'Start script EXTRACTION_STARRCXT.CONCURRENT.run.sh: Tue Mar  4 20:56:01 EST 2025 1741139761'
Start script EXTRACTION_STARRCXT.CONCURRENT.run.sh: Tue Mar  4 20:56:01 EST 2025 1741139761
+ mkdir -p /home/czl/longxin20240904/SIGNOFF/EXTRACTION/ALL
+ cd /home/czl/longxin20240904/SIGNOFF/EXTRACTION/ALL
+ /bin/cp -f ../SCRIPTS/CONCURRENT_star_CC.xtcmd star_CC.cmd
+ /bin/cp -f ../SCRIPTS/corner.CONCURRENT.defs corner.defs
+ /bin/rm -rf EXTRACTION_DIR
+ /bin/mkdir -p EXTRACTION_DIR
+ /bin/rm -rf shorts.sum opens.sum
+ StarXtract star_CC.cmd
+ wait
+ StarXtract star_CC.cmd
+ StarXtract star_CC.cmd
+ StarXtract star_CC.cmd




                        StarRC (TM)
                        StarRC (TM)

                        StarRC (TM)

            Version P-2019.03-SP5-3 for linux64 - Aug 24, 2020

            Version P-2019.03-SP5-3 for linux64 - Aug 24, 2020

            Version P-2019.03-SP5-3 for linux64 - Aug 24, 2020
```

图 6-5　执行寄生参数提取

生成的文件位于 EXPORT 目录下，名称为 bx1soc_top_*.spef.gz。

6.4　静态时序分析

静态时序分析基于网表、约束、寄生参数文件完成与时序相关的验证，检查电路是否能够在目标时钟周期下工作。

静态时序分析的参考流程在 TIMING_ANALYSIS 子目录中，主要脚本位于 SCRIPTS 子目录下。主要文件如下。

- design.info.tcl：定义网表和约束的文件指向。可自定义报告生成的脚本，包括 bx1soc_top_prereport.tcl 和 bx1soc_top_postreport.tcl。
- design.application_variables.tcl：定义 PrimeTime 工具的选项，当前使用默认值即可。
- design.scenarios.tcl：定义所有时序分析的组合角的名称。

- design.variables.tcl：定义所有角的属性，包括电压角、工艺角、操作角、互连线角、spef 文件等。
- synopsys_setup.pt.tcl (*)：定义所有组合角使用的 db 库文件，需要修改相应的库文件路径。
- TIMING_ANALYSIS.CORNER.pt.tcl：静态时序分析的主脚本，执行网表/约束/寄生参数读入等步骤，完成时序分析，并生成时序等报告。
- TIMING_ANALYSIS.REPORTS.pt.tcl：静态时序分析的报告脚本，生成关于各类检查项的报告。
- TIMING_ANALYSIS.CORNER.run.sh：执行静态时序分析任务，并生成报告。

注意，静态时序分析采用一个脚本，通过设置 STA_SCENARIO_NAME 环境变量进行不同角的分析。

在脚本中，根据 STA_SCENARIO_NAME 环境变量，创建不同的工作目录，区分不同的时序约束/寄生参数文件。

6.4.1 准备输入文件

静态时序分析的输入文件主要包括输入网表和输入约束。

输入网表默认指向$env(G_WORKSPACE)/SIGNOFF/IMPORT/bx1soc_top.v。

输入约束默认指向$env(G_WORKSPACE)/SIGNOFF/IMPORT/bx1soc_top.sdc。

6.4.2 执行静态时序分析

进入 RUN 子目录，执行命令./run.csh，执行静态时序分析。

执行完成后，在 TIMING_ANALYSIS 目录下生成所有角的子目录，每个子目录包含 reports.×××.1 的报告目录。

其中，×××表示 PrimeTime 的版本，数字 1 表示报告的版本，默认会自动增加。同时，创建 reports 目录，reports 目录链接到最后一次生成的 reports.×××.×目录。

6.5 版图合并生成

6.5.1 准备输入文件

首先介绍与版图合并生成步骤有关的工作目录。

先输入 cd SIGNOFF 命令，切换到 SIGNOFF 目录，再输入 ls 命令，列出当前目录中的文件和子目录。

```
[text@iceda longxin20240904]$ cd SIGNOFF
[text@iceda SIGNOFF]$ ls
EXPORT  EXTRACTION  FORMAL  GDS_MERGE  IMPORT  TIMING_ANALYSIS  VERIFICATION
```

先输入 cd GDS_MERGE 命令，切换到 GDS_MERGE 目录，再输入 ll 命令，列出当前目录中文件的详细信息。

```
[text@iceda SIGNOFF]$ cd GDS_MERGE
[text@iceda GDS_MERGE]$ ll
```

```
drwxr-xr-x 2 text text 21 6月  3 2024 RUN
drwxr-xr-x 2 text text 67 6月  3 2024 SCRIPTS
drwxr-xr-x 2 text text 67 6月  3 2024 WORK
```

在 GDS_MERGE 目录中，RUN 为执行脚本的工作目录，SCRIPTS 为脚本的存放目录，WORK 为生成的过程文件、报告和输出文件的存放目录。

接下来说明版图合并输入的 GDS 文件，包括从布局布线工具中输出的 GDS 文件（要求文件名必须列在所有 GDS 文件中的第一个）、所有标准单元的 GDS 文件、宏单元的 GDS 文件、I/O 等子模块的 GDS 文件。这些 GDS 文件也是 SCRIPTS 目录下的 gds_list 文件中指定的 GDS 文件。先输入 cd SCRIPTS 命令，切换到 SCRIPTS 目录，再输入 ls，列出当前目录的文件和子目录，可以看到 gds_list 文件。

```
[text@iceda GDS_MERGE]$ cd SCRIPTS
[text@iceda SCRIPTS]$ ls
filemerge.tcl  gds_list  MERGE_GDS.run.sh
```

输入 vi gds_list 命令，打开 gds_list 文件，其具体内容如下。

```
# top
../../IMPORT/bx1soc_top.pnr.gds.gz

# lib gds
/eda/libraries/SMIC130nmG/SP013D3/1.0/gds/SP013D3_DIGITAL_V1p5_7MT.gds
/eda/libraries/SMIC130nmG/SP013D3/1.0/gds/SP013D3_ANALOG_V1p5_7MT.gds
/eda/libraries/SMIC130nmG/S013PLLFN/V1.5.2/Partial_GDS/S013PLLFN_V1.5.2_1P7M_partial.
gds
/eda/libraries/SMIC130nmG/ram_rf1shd_256x22_m2/v1.0/gds2/ram_rf1shd_256x22.gds2
/eda/libraries/SMIC130nmG/ram_rf1shd_wm_256x32_m2/1.0/gds2/ram_rf1shd_wm_256x32.gds2
/eda/libraries/SMIC130nmG/ram_rf1shd_256x32_m2/v1.0/gds2/ram_rf1shd_256x32.gds2
/eda/libraries/SMIC130nmG/ram_rf2shd_512x32_m4/v1.0/gds2/ram_rf2shd_512x32.gds2
/eda/libraries/SMIC130nmG/SCC013UG_HD_RVT/V0p1/gds/SCC013UG_HD_RVT_V0p1.gds
```

6.5.2　准备脚本

版图合并的参考脚本位于 GDS_MERGE/SCRIPTS 目录下，包括 MERGE_GDS.run.sh 和 filemerge.tcl。

MERGE_GDS.run.sh 脚本主要用于完成 Calibre 软件的启动并负责命令的载入、执行。MERGE_GDS.run.sh 的内容如下。

```
#!/bin/sh -eux

mkdir -p ${G_WORKSPACE}/SIGNOFF/GDS_MERGE/WORK
cd ${G_WORKSPACE}/SIGNOFF/GDS_MERGE/WORK

/bin/mkdir -p tmp
calibredrv -shell -s ../SCRIPTS/filemerge.tcl

/bin/rm -rf tmp

cd ${G_WORKSPACE}/SIGNOFF/GDS_MERGE/RUN
```

filemerge.tcl 脚本是版图合并生成的主要脚本。它主要具有下面 3 个作用。

（1）设置设计顶层的名称。

（2）读入设计的所有 GDS 文件并进行合并。

（3）输出合并后的 GDS 文件。

filemerge.tcl 的内容如下。

```
proc readFileList {fileName} {
    set file [open ${fileName} "r"]
    set result {}
    while {[gets ${file} line]>=0} {
        if {[string index [string trim ${line}] 0]=="#"} {
            continue
        }
        if {[string length [string trim ${line}]]==0} {
            continue
        }
        lappend result ${line}
    }
    close ${file}
    return ${result}
}
set inputgds {}
set top_cell_name "bx1soc_top" //设置顶层设计的名称
set gds_list_file  "../SCRIPTS/gds_list" //设置输入的 GDS 文件
set fileNames [readFileList $gds_list_file]
set inputgds [join $fileNames " -in "]
eval layout filemerge \
    -in $inputgds \
    -out ../../EXPORT/bx1soc_top.merged.gds.gz \
    -overwrite \
    -verbose \
    -tmp tmp \
    -topcell bx1soc_top

unset inputgds

exit
```

6.5.3 执行版图合并生成

进入 SIGNOFF/GDS_MERGE/RUN 目录，并确保环境参数已经设置。在 RUN 目录下，使用 ls 命令列出其中的文件和子目录。

```
[text@iceda RUN]$ pwd
/home/text/test/longxin0250108/longxin20240904/SIGNOFF/GDS_MERGE/RUN
[text@iceda RUN]$ ls
run.csh
```

run.csh 文件为执行版图合并生成的脚本，输入 cat run.csh 命令，将 run.csh 文件的内容输出到终端。这个文件主要执行版图合并生成的脚本并将运行日志记录在 RUN 目录下的 MERGE_GDS.run.log 文件中。

```
[text@iceda RUN]$ cat run.csh
#!/bin/csh -f
../SCRIPTS/MERGE_GDS.run.sh |& tee ../RUN/MERGE_GDS.run.log
```

执行的命令为./run.csh。输入命令后，启动 Calibre 并执行脚本中的命令。运行过程如图 6-6 所示。

等待 Calibre 运行并生成日志。完成后，确认生成的 GDS 文件。

```
[czl@iceda RUN]$ ./run.csh
+ mkdir -p /home/czl/longxin20240904/SIGNOFF/GDS_MERGE/WORK
+ cd /home/czl/longxin20240904/SIGNOFF/GDS_MERGE/WORK
+ /bin/mkdir -p tmp
+ calibredrv -shell -s ./SCRIPTS/filemerge.tcl
//  Calibre DESIGNrev v2020.4_23.14    Thu Nov 5 14:55:18 PST 2020
//  Calibre Utility Library   v0-10_13-2017-1    Wed Jun 3 07:42:12 PDT 2020
//              Copyright Siemens 1996-2020
//              All Rights Reserved.
//  THIS WORK CONTAINS TRADE SECRET AND PROPRIETARY INFORMATION
//     WHICH IS THE PROPERTY OF MENTOR GRAPHICS CORPORATION
//     OR ITS LICENSORS AND IS SUBJECT TO LICENSE TERMS.
//
//  The registered trademark Linux is used pursuant to a sublicense from LMI, the
//  exclusive licensee of Linus Torvalds, owner of the mark on a world-wide basis.
//
//  Mentor Graphics software executing under x86-64 Linux
//  64 bit virtual addressing enabled
//
//  mgc_s license acquired (caldesignrev requested).
//  DESIGNrev running on 8 cores
Merge PASS 1 :
Uncompressing file '../../IMPORT/bx1soc_top.gds.gz' into 'tmp/22117_0'
Creating and sorting index table for file '../../IMPORT/bx1soc_top.gds.gz' (1/8)
Creating and sorting index table for file '../../pdk/20241008_180156/SP013D3_V1p7/gds/SP013D3_V1p7_7MT.gds' (2/8)
Creating and sorting index table for file '../../pdk/20241008_180156/S013PLLFN_V1.5.2/Partial_GDS/S013PLLFN_V1.5.2_1P7M_partial.gds' (3/8)
Creating and sorting index table for file '../../pdk/20241008_180257/S013LLLPSP/v0p2_CDK/ramtmp/20250121/ram_rf1shd_256x22/ram_rf1shd_256x22.gds' (4/8)
Creating and sorting index table for file '../../pdk/20241008_180257/S013LLLPSP/v0p2_CDK/ramtmp/20250121/ram_rf1shd_256x32/ram_rf1shd_256x32.gds' (5/8)
Creating and sorting index table for file '../../pdk/20241008_180257/S013LLLPSP/v0p2_CDK/ramtmp/20250121/ram_rf1shd_wm_256x32/ram_rf1shd_wm_256x32.gds' (6/8)
Creating and sorting index table for file '../../pdk/20241008_180257/S013LLLPDP/v0p2_CDK/ramtmp/20250121/ram_rf2shd_512x32/ram_rf2shd_512x32.gds' (7/8)
Creating and sorting index table for file '../../pdk/20241008_180257/SCC013UG_HD_RVT_V0p1/gds/SCC013UG_HD_RVT_V0p1.gds' (8/8)
```

图 6-6　运行过程

6.5.4　查看输出文件

合并完成的版图为 bx1soc_top.merged.gds.gz，输出在 SIGNOFF/EXPORT 目录下。使用 ll 命令列出文件的详细信息。

```
[text@iceda EXPORT]$ ll
total 122372
-rw-rw-r-- 1 text text     5579 Jan 21 07:08 bx1soc_top_ant_results.rpt
-rw-rw-r-- 1 text text 36421789 Jan 22 01:25 bx1soc_top.cdl
-rw-rw-r-- 1 text text    49159 Feb 24 02:39 bx1soc_top_drc_results.rpt
-rw-rw-r-- 1 text text     5590 Jan 22 01:25 bx1soc_top.hcell
-rw-rw-r-- 1 text text 59640887 Feb 18 04:37 bx1soc_top.merged.gds.gz
-rw-rw-r-- 1 text text 29171619 Feb 25 22:35 bx1soc_top.sp
[text@iceda EXPORT]$
```

6.6　物理验证

物理验证的工作目录为 SIGNOFF/VERIFICATION。使用 ll 命令列出文件的详细信息。

```
[text@iceda VERIFICATION]$ pwd
/home/text/test/tmp/longxin20240904/SIGNOFF/VERIFICATION
[text@iceda VERIFICATION]$ ll
total 16
drwxrwxr-x 2 text text 4096 Jan 21 07:08 ANT
drwxrwxr-x 2 text text   48 Jan 22 01:25 CDL
drwxrwxr-x 2 text text 4096 Feb 24 02:39 DRC
drwxrwxr-x 3 text text 4096 Feb 25 22:35 LVS
drwxrwxr-x 2 text text  169 Jan 23 04:06 RUN
drwxrwxr-x 2 text text 4096 Feb 25 01:43 SCRIPTS
```

ANT、CDL、DRC 和 LVS 目录为在天线效应检查、CDL、DRC 和 LVS 过程中执行脚本后生成的数据的存放目录，RUN 为 DRC、天线效应检查和 LVS 过程中执行脚本的工作目录，SCRIPTS 为脚本的存放目录。

6.6.1　DRC

DRC 的主要目的是检查版图中所有违反设计规则而引起潜在断路、短路或不良效应的物理验证过程。

DRC 对应的目录为 SIGNOFF/VERIFICATION/DRC，其中的文件和子目录如下。

```
[text@iceda DRC]$ pwd
/home/text/test/tmp/longxin20240904/SIGNOFF/VERIFICATION/DRC
[text@iceda DRC]$ ls
bx1soc_top.drc.results          density_report_M5a.log
calibre.drc.def                 density_report_M5b.log
density_report_AA_11a.log       density_report_M6a.log
density_report_AA_11b.log       density_report_M6b.log
density_report_AA_12a.log       density_report_SL_5_M1SLOT.rdb
density_report_AA_12b.log       density_report_SL_5_M2SLOT.rdb
density_report_ALPA_14.log      density_report_SL_5_M3SLOT.rdb
density_report_GT.log           density_report_SL_5_M4SLOT.rdb
density_report_M1a.log          density_report_SL_5_M5SLOT.rdb
density_report_M1b.log          density_report_SL_5_M6SLOT.rdb
density_report_M2a.log          density_report_SL_5_TM2.rdb
density_report_M2b.log          density_report_TMa.log
density_report_M3a.log          density_report_TMb.log
density_report_M3b.log          drc_summary
density_report_M4a.log          _SMIC_CalDRC_011013LGLLMS_122533_V1.25_0_7_1TM.drc_
density_report_M4b.log
```

1. 准备输入文件

bx1soc_top.merged.gds.gz 文件是用于检查的版图文件。此处对合并后的 GDS 文件进行 DRC。这些文件默认位于 SIGNOFF/EXPORT 目录下，为版图合并步骤的输出文件，是包含标准单元、宏单元、I/O 等子模块的完整 GDS 文件。使用 ll 命令列出文件的详细信息。

```
[text@iceda EXPORT]$ pwd
/home/text/test/tmp/longxin20240904/SIGNOFF/EXPORT
[text@iceda EXPORT]$ ll
total 122372
-rw-rw-r-- 1 text text     5579 Jan 21 07:08 bx1soc_top_ant_results.rpt
-rw-rw-r-- 1 text text 36421789 Jan 22 01:25 bx1soc_top.cdl
-rw-rw-r-- 1 text text    49159 Feb 24 02:39 bx1soc_top_drc_results.rpt
-rw-rw-r-- 1 text text     5590 Jan 22 01:25 bx1soc_top.hcell
-rw-rw-r-- 1 text text 59640887 Feb 18 04:37 bx1soc_top.merged.gds.gz
-rw-rw-r-- 1 text text 29171619 Feb 25 22:35 bx1soc_top.sp
```

SMIC_CalDRC_011013LGLLMS_122533_V1.25_0_7_1TM.drc 文件是综合考虑电学性能与可靠性限制，按照工艺过程所要求的复杂限制描述几何图形关系的规则文件，由工艺厂提供。本例中使用的 DRC 文件位于 pdk/calibre/drc/SMIC_CalDRC_011013LGLLMS_122533_V1.25_0/SMIC_CalDRC_011013LGLLMS_122533_V1.25_0_DRC 目录下，该文件的部分内容如下。

```
...
LAYOUT PRIMARY "*"
LAYOUT PATH "*.gds"
LAYOUT SYSTEM GDSII

DRC RESULTS DATABASE "drc_CAL.OUT" ASCII
DRC SUMMARY REPORT "drc_CAL.SUM" HIER

PRECISION 1000
RESOLUTION    1

FLAG ACUTE YES
FLAG NONSIMPLE YES
FLAG SKEW YES
```

```
//FLAG OFFGRID YES

skew_edge_check {
          @Skew edge check
          (DFM COPY  (DRAWN SKEW)  EDGE) OUTSIDE EDGE INDMY }
//不检查在其他规则中不出现的新图层
//在运行过程中检查

TEXT DEPTH PRIMARY

LAYOUT TOP LAYER TM2aib TV2ai M6ib V5i M5ib V4i M4ib V3i M3ib V2i M2ib V1i M1ib
LAYOUT TOP LAYER M7ib V6i M6ib V5i M5ib V4i M4ib V3i M3ib V2i M2ib V1i M1ib
LVS POWER NAME "?VDD?" "?VCC?"
...

GROUP GSRV2 SRV2_?

SRV2_1 {
@ V2 width and length, V2 must be square=0.19 or 0.36 um
   V2_1=V2_S NOT OUTSIDE SRAM
   X=RECTANGLE V2_1==0.19 BY==0.19
   Y=RECTANGLE V2_1==0.36 BY==0.36
   (V2_1 NOT X) NOT Y
}
SRV2_3 {
@ V2 enclosure by M2 ?0.005 um
  (ENC V2_S M2_S < 0.005 ABUT<90 SINGULAR REGION OUTSIDE ALSO) NOT OUTSIDE SRAM
}
```

在 calibre.env.set 文件中定义了设计规则文件的调用路径，该文件的内容如下。

```
export CALIBRE_DUM_DECK=/eda/libraries/SMIC130nmG/TECH/0.1/runset/dummy/SmicDRL4R_cal
013_log_p1mt7.dmf
export
CALIBRE_DRC_DECK=/home/czl/longxin20240904/pdk/calibre/drc/SMIC_CalDRC_011013LGLLMS_
122533_V1.25_0/SMIC_CalDRC_011013LGLLMS_122533_V1.25_0_DRC/SMIC_CalDRC_011013LGLLMS_
122533_V1.25_0_7_1TM.drc
export CALIBRE_ANT_DECK=/home/czl/longxin20240904/pdk/calibre/drc/SMIC_CalDRC_
011013LGLLMS_122533_V1.25_0/SMIC_CalDRC_011013LGLLMS_122533_V1.25_0.ant
export
CALIBRE_LVS_DECK=/home/czl/longxin20240904/pdk/calibre/lvs/SMIC_CalLVS_011LGMSRF_
1233_V1.24_3/SMIC_CalLVS_011LGMSRF_1233_V1.24_3.lvs.tmp
```

在 DRC、天线效应检查、LVS 中，将会调用这个文件，以便 Calibre 读入相应的规则文件。其中，CALIBRE_DRC_DECK 变量为 DRC 文件的路径变量。

2. 准备脚本

接下来介绍 DRC 步骤的 VERIFICATION.DRC.run.sh 脚本。

VERIFICATION.DRC.run.sh 脚本位于 SIGNOFF/VERIFICATION/SCRIPTS 目录下，主要用于启动 Calibre 软件并对指定的版图文件进行 DRC。该文件的内容如下。

```
#!/bin/sh -eux
echo "###Start script VERIFICATION.DRC.run.sh:" `date +"%F %T %s"`
echo "VERIFICATION VERIFICATION.DRC.run.sh started" >> ${G_WORKSPACE}/SIGNOFF/
VERIFICATION/RUN/run_info.rpt

mkdir -p ${G_WORKSPACE}/SIGNOFF/VERIFICATION/DRC cd ${G_WORKSPACE}/SIGNOFF/
VERIFICATION/DRC
```

```
set +x

source ../SCRIPTS/calibre.env.set

/bin/cp -f ../SCRIPTS/calibre.drc.def calibre.drc.def

calibre \
  -gui -drc \
  -runset "calibre.drc.def" \
  -drcLayoutPaths ${G_WORKSPACE}/SIGNOFF/EXPORT/bx1soc_top.merged.gds.gz \
  -drcLayoutPrimary bx1soc_top \
  -drcRunDir ../DRC \
  -batch

/bin/cp -f drc_summary $G_WORKSPACE/SIGNOFF/EXPORT/bx1soc_top_drc_results.rpt
echo "VERIFICATION VERIFICATION.DRC.run.sh reached end of script" >> ${G_WORKSPACE}/
SIGNOFF/VERIFICATION/RUN/run_info.rpt
echo "###End script VERIFICATION.DRC.run.sh:" `date +"%F %T %s"`
```

calibre.drc.def 为 DRC 的配置文件，同样位于 SIGNOFF/VERIFICATION/SCRIPTS 目录下。该文件指定 drcRulesFile、输入文件格式等，无须修改。该文件的内容如下。

```
*drcRulesFile: $CALIBRE_DRC_DECK

*drcResultsFile: bx1soc_top.drc.results
*drcResultsFormat: ASCII

*drcDRCMaxResultsCount: 1000
*drcDRCMaxVertexCount: 4096

*drcSummaryFile: drc_summary

*cmnTranscriptFile: calibredrc.log
*cmnRunHostType: localhost
*cmnRunHier: 1
*cmnRunHyper: 1
*cmnRunMT: 1
*cmnNumTurbo: 8
```

3. 执行 DRC

为了执行 DRC，首先需要进入 SIGNOFF/VERIFICATION/RUN 目录，并确保环境参数已经设置。在 RUN 目录下使用 ls 命令列出其中的文件和子目录。

```
[text@iceda RUN]$ pwd
/home/text/test/tmp/longxin20240904/SIGNOFF/VERIFICATION/RUN
[text@iceda RUN]$ ls
run.csh          VERIFICATION.ANT.run.log  VERIFICATION.DRC.run.log
run_info.rpt     VERIFICATION.CDL.run.log  VERIFICATION.LVS.run.log
```

run.csh 文件为合并执行特殊器件插入、DRC、天线效应检查、CDL 网表生成、LVS 的脚本，输入命令 cat run.csh，将 run.csh 文件的内容输出到终端。

```
[text@iceda RUN]$ cat run.csh
#!/bin/csh -f


../SCRIPTS/VERIFICATION.DUMMY.run.sh |& tee ../RUN/VERIFICATION.DUMMY.run.log
```

```
../SCRIPTS/VERIFICATION.DRC.run.sh    |& tee ../RUN/VERIFICATION.DRC.run.log

../SCRIPTS/VERIFICATION.ANT.run.sh    |& tee ../RUN/VERIFICATION.ANT.run.log

../SCRIPTS/VERIFICATION.CDL.run.sh    |& tee ../RUN/VERIFICATION.CDL.run.log

../SCRIPTS/VERIFICATION.LVS.run.sh    |& tee ../RUN/VERIFICATION.LVS.run.log
```

将 "../SCRIPTS/VERIFICATION.DRC.run.sh |& tee ../RUN/VERIFICATION.DRC.run.log" 复制到命令行中，按 Enter 键，可启动 Calibre 并执行 DRC，如图 6-7 所示。

```
[czl@iceda RUN]$ ../SCRIPTS/VERIFICATION.DRC.run.sh    |& tee ../RUN/VERIFICATION.DRC.run.log
+ date '+%F %T %s'
++ date '+%F %T %s'
+ echo '###Start script VERIFICATION.DRC.run.sh:' 2025-02-24 01:50:56 1740379856
###Start script VERIFICATION.DRC.run.sh: 2025-02-24 01:50:56 1740379856
+ echo 'VERIFICATION VERIFICATION.DRC.run.sh started'
+ mkdir -p /home/czl/longxin20240904/SIGNOFF/VERIFICATION/DRC
+ cd /home/czl/longxin20240904/SIGNOFF/VERIFICATION/DRC
+ set +x
//   Calibre Interactive - DRC   v2020.4_23.14    Thu Nov 5 14:55:16 PST 2020
//
//                  Copyright Siemens 1996-2020
//                    All Rights Reserved.
//   THIS WORK CONTAINS TRADE SECRET AND PROPRIETARY INFORMATION
//      WHICH IS THE PROPERTY OF MENTOR GRAPHICS CORPORATION
//         OR ITS LICENSORS AND IS SUBJECT TO LICENSE TERMS.
//
//   The registered trademark Linux is used pursuant to a sublicense from LMI, the
//   exclusive licensee of Linus Torvalds, owner of the mark on a world-wide basis.
//
//   Mentor Graphics software executing under x86-64 Linux
//
//   Running on Linux iceda 3.10.0-1160.el7.x86_64 #1 SMP Mon Oct 19 16:18:59 UTC 2020 x86_64
//   64 bit virtual addressing enabled
//
//   Starting time: Mon Feb 24 01:50:57 2025
```

图 6-7　执行 DRC

等待 Calibre 运行并生成日志。完成后查看 DRC 的结果。

4. 查看输出文件

DB 格式的 DRC 报告文件 bx1soc_top.drc.results 位于 SIGNOFF/VERIFICATION/DRC 目录下。使用 ls 命令列出其中的文件和子目录。

```
[text@iceda DRC]$ pwd
/home/text/test/tmp/longxin20240904/SIGNOFF/VERIFICATION/DRC
[text@iceda DRC]$ ls
bx1soc_top.drc.results       density_report_M5a.log
calibre.drc.def             density_report_M5b.log
density_report_AA_11a.log    density_report_M6a.log
density_report_AA_11b.log    density_report_M6b.log
density_report_AA_12a.log    density_report_SL_5_M1SLOT.rdb
density_report_AA_12b.log    density_report_SL_5_M2SLOT.rdb
density_report_ALPA_14.log   density_report_SL_5_M3SLOT.rdb
density_report_GT.log        density_report_SL_5_M4SLOT.rdb
density_report_M1a.log       density_report_SL_5_M5SLOT.rdb
density_report_M1b.log       density_report_SL_5_M6SLOT.rdb
density_report_M2a.log       density_report_SL_5_TM2.rdb
density_report_M2b.log       density_report_TMa.log
density_report_M3a.log       density_report_TMb.log
density_report_M3b.log       drc_summary
density_report_M4a.log       _SMIC_CalDRC_011013LGLLMS_122533_V1.25_0_7_1TM.drc_
density_report_M4b.log
```

这里介绍 DB 格式的 DRC 报告的查看步骤。

在 Linux 命令行中输入 calibredrv 命令并执行，如图 6-8 所示。

执行后将打开 Calibre 工具的图形用户界面，如图 6-9 所示。该界面的标题栏会显示 Calibre 的版本。

```
[czl@iceda DRC]$ calibredrv

// Calibre DESIGNrev v2020.4_23.14   Thu Nov 5 14:55:18 PST 2020
// Calibre Utility Library  v0-10_13-2017-1   Wed Jun 3 07:42:12 PDT 2020
//             Copyright Siemens 1996-2020
//               All Rights Reserved.
//   THIS WORK CONTAINS TRADE SECRET AND PROPRIETARY INFORMATION
//     WHICH IS THE PROPERTY OF MENTOR GRAPHICS CORPORATION
//       OR ITS LICENSORS AND IS SUBJECT TO LICENSE TERMS.
//
// The registered trademark Linux is used pursuant to a sublicense from LMI, the
// exclusive licensee of Linus Torvalds, owner of the mark on a world-wide basis.
//
// Mentor Graphics software executing under x86-64 Linux
// 64 bit virtual addressing enabled
//
// mgc_s license acquired (caldesignrev requested).
// DESIGNrev running on 8 cores
%
```

图 6-8　输入 calibredrv 并执行

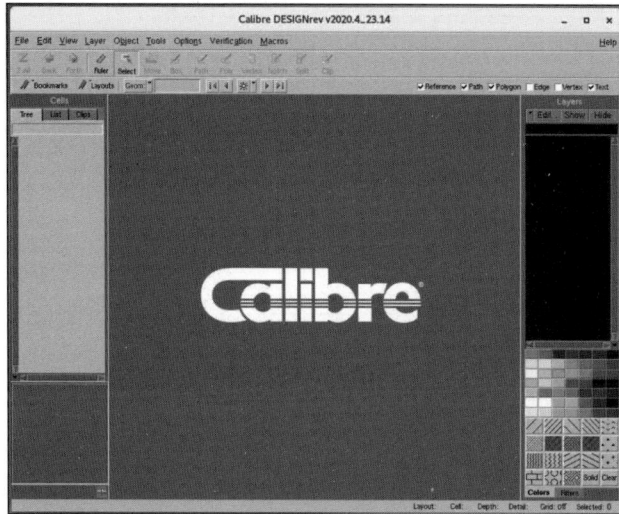

图 6-9　Calibre 工具的图形用户界面

在 Calibre 中，从菜单栏选择 Verification→Start RVE，如图 6-10 所示。

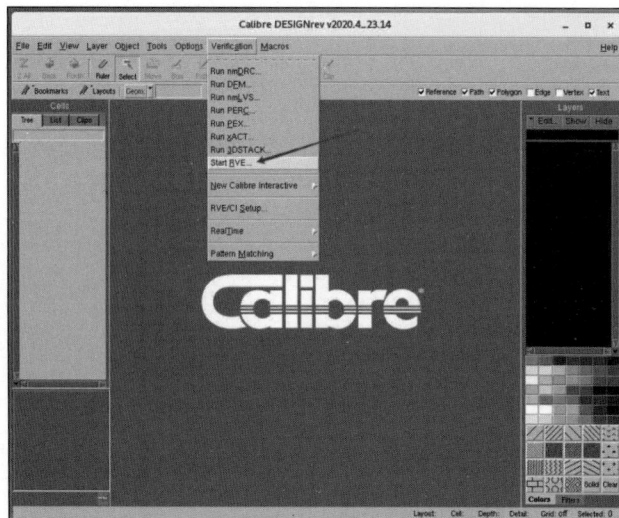

图 6-10　选择 Verification→Start RVE

弹出 Calibre RVE v2020.4_23.14 窗口，如图 6-11 所示。

在该窗口中，单击 Database 选项组右侧的 "…" 按钮，如图 6-12 所示。

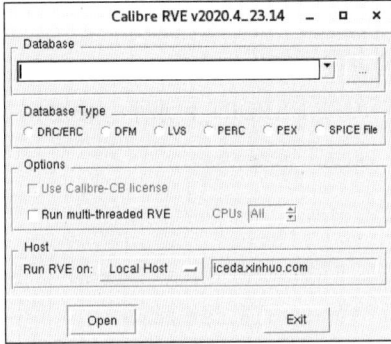

图 6-11 Calibre RVE v2020.4_23.14 窗口

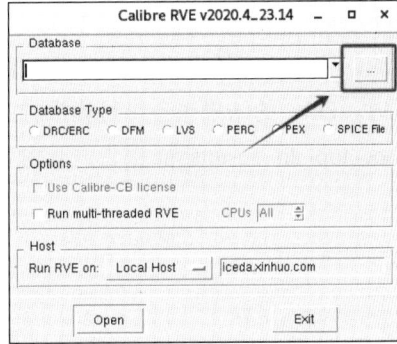

图 6-12 单击 "…" 按钮

接着，在弹出的 Select DRC Database File (Files:42)对话框中，选择 bx1soc_top.drc.results 文件，单击 OK 按钮，如图 6-13 所示。

返回 Calibre RVE v2020.4_23.14 窗口，单击 Database Type 选项组中的 DRC/ERC 单选按钮，单击 Open 按钮，如图 6-14 所示。

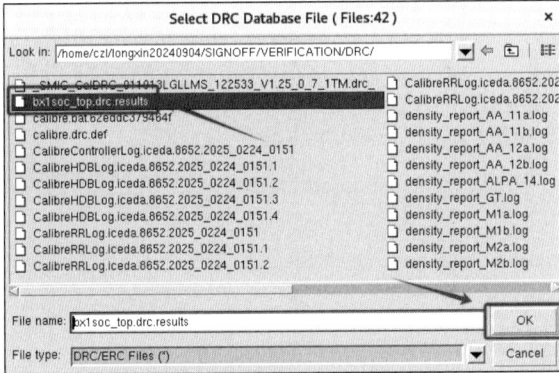

图 6-13 选择 bx1soc_top.drc.result 文件

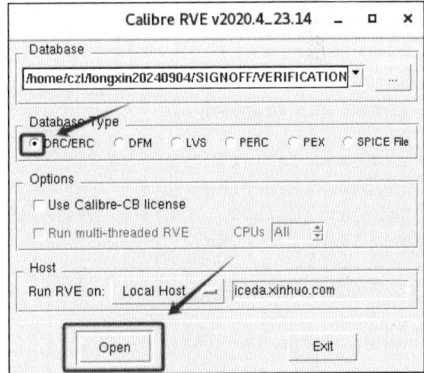

图 6-14 单击 Open 按钮

打开所选择的报告文件，即可查看 DRC 的结果，如图 6-15 所示。

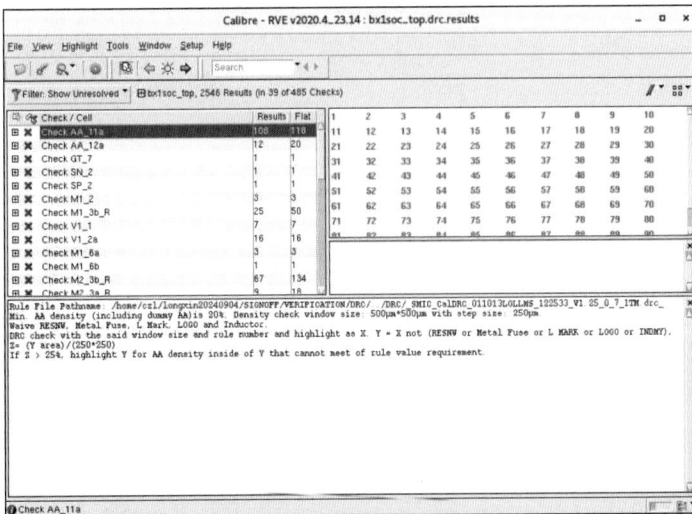

图 6-15 查看 DRC 的结果

如果 DRC 不通过，需要查看报错信息，然后根据报错的位置一条一条地修正电路，然后重新进行检查，直至检查结果报告正确。这里不对修复 DRC 的过程进行详细介绍。

同时，DRC 的结果也会以可读报告的格式输出在 SIGNOFF/EXPORT 目录下。使用 vi 命令打开 bx1soc_top_drc_results.rpt 报告，其内容如下所示。

```
=========================================================
=== CALIBRE::DRC-H SUMMARY REPORT
===
Execution Date/Time:       Tue Jan 21 06:48:34 2025
Calibre Version:           v2020.4_23.14    Thu Nov 5 14:55:16 PST 2020
Rule File Pathname:        /home/czl/longxin20240904/SIGNOFF/VERIFICATION/DRC/../DRC/_
SMIC_CalDRC_ 011013LGLLMS_122533_V1.25_0_7_1TM.drc_
Rule File Title:
Layout System:             GDS
Layout Path(s):            /home/czl/longxin20240904/SIGNOFF/EXPORT/bx1soc_top.merged.gds.gz
Layout Primary Cell:       bx1soc_top
Current Directory:         /home/czl/longxin20240904/SIGNOFF/VERIFICATION/DRC
User Name:                 czl
Maximum Results/RuleCheck: 1000
Maximum Result Vertices:   4096
DRC Results Database:      bx1soc_top.drc.results (ASCII)
Layout Depth:              ALL
Text Depth:                PRIMARY
Summary Report File:       drc_summary (REPLACE)
Geometry Flagging:         ACUTE = YES  SKEW = YES  ANGLED = NO  OFFGRID = NO
                           NONSIMPLE POLYGON = YES  NONSIMPLE PATH = NO
Excluded Cells:
CheckText Mapping:         COMMENT TEXT + RULE FILE INFORMATION
Layers:                    MEMORY-BASED
Keep Empty Checks:         YES
-------------------------------------------------------------------------
--- RUNTIME WARNINGS
---
ACUTE angle on layer M2ib at location (66.19,80.32) in cell PX3.
ACUTE angle on layer M2ib at location (31.19,80.32) in cell PX3.
...
    RULECHECK BD_2a ....... TOTAL Result Count = 64   (64)
    RULECHECK BD_1 ........ TOTAL Result Count = 137  (137)
-------------------------------------------------------------------------
--- SUMMARY
---
TOTAL CPU Time:                    1839
TOTAL REAL Time:                   258
TOTAL Original Layer Geometries: 14988785 (60660865)
TOTAL DRC RuleChecks Executed:     483
TOTAL DRC Results Generated:       2546 (5748)
TOTAL DFM RDB Results Generated: 0 (0)
```

6.6.2 天线效应检查

天线效应检查属于 DRC 的一部分，主要用于进行与天线效应相关的设计规则检查。

天线效应检查对应的目录为 SIGNOFF/VERIFICATION/ANT，使用 ls 命令列出其中的文件和子目录。

```
[text@iceda ANT]$ pwd
/home/text/test/tmp/longxin20240904/SIGNOFF/VERIFICATION/ANT
[text@iceda ANT]$ ls
ANT_CT.rep          ANT_M6_thin.rep
```

```
ANT_GT_CORE.rep    ANT_M7_thick.rep
ANT_GT_IO.rep      ANT_M7_thin.rep
ANT_GT_V1.rep      ant_summary
ANT_M1_thick.rep   ANT_TM2_thick.rep
ANT_M1_thin.rep    ANT_TM2_thin.rep
ANT_M2_thick.rep   ANT_TV2.rep
ANT_M2_thin.rep    ANT_V2.rep
ANT_M3_thick.rep   ANT_V3.rep
ANT_M3_thin.rep    ANT_V4.rep
ANT_M4_thick.rep   ANT_V5.rep
ANT_M4_thin.rep    ANT_V6.rep
ANT_M5_thick.rep   bx1soc_top.ant.results
ANT_M5_thin.rep    calibre.ant.def
ANT_M6_thick.rep   _SMIC_CalDRC_011013LGLLMS_122533_V1.25_0.ant_
```

1.　准备输入文件

1）bx1soc_top.merged.gds.gz 文件

bx1soc_top.merged.gds.gz 文件默认位于 SIGNOFF/OFF 目录下，为版图合并步骤的输出文件，是包含标准单元、宏单元、I/O 等子模块的完整 GDS 文件。使用 ll 命令列出/SIGNOFF/EXPORT 中文件的详细信息，其中有 bx1soc_top.merged.gds.gz 文件。

```
[text@iceda EXPORT]$ pwd
/home/text/test/tmp/longxin20240904/SIGNOFF/EXPORT
[text@iceda EXPORT]$ ll
total 122372
-rw-rw-r-- 1 text text     5579 Jan 21 07:08 bx1soc_top_ant_results.rpt
-rw-rw-r-- 1 text text 36421789 Jan 22 01:25 bx1soc_top.cdl
-rw-rw-r-- 1 text text    49159 Feb 24 02:39 bx1soc_top_drc_results.rpt
-rw-rw-r-- 1 text text     5590 Jan 22 01:25 bx1soc_top.hcell
-rw-rw-r-- 1 text text 59640887 Feb 18 04:37 bx1soc_top.merged.gds.gz
-rw-rw-r-- 1 text text 29171619 Feb 25 22:35 bx1soc_top.sp
```

2）SMIC_CalDRC_011013LGLLMS_122533_V1.25_0.ant 文件

SMIC_CalDRC_011013LGLLMS_122533_V1.25_0.ant 是对天线效应进行约束的规则文件，由工艺厂提供。本例使用的天线效应规则文件位于 pdk/calibre/drc/SMIC_CalDRC_011013LGLLMS_122533_V1.25_0 目录下，其部分内容如下。

```
...

LAYOUT PATH "*.gds"
LAYOUT PRIMARY "*"
LAYOUT SYSTEM GDSII

DRC RESULTS DATABASE "ant_CAL.OUT" ASCII
DRC SUMMARY REPORT "ant_CAL.SUM"

DRC MAXIMUM RESULTS 1000
DRC MAXIMUM VERTEX 199

LAYER MAP  10 DATATYPE 0 510
LAYER   MAP    12 DATATYPE 0 511
LAYER   MAP    13 DATATYPE 0 512
LAYER AAi 510 511 512
...
```

```
CONNECT TM2 TM1 BY TV2
SETLAYER TM2_DIO = NET AREA SD > 0.16
lappend metal_list TM2

RULECHECK ANT_TM2_thin {
@ The maximum ratio of cumulative metal area to the thin active poly gate area(without
effective diode) is 5000;
@ The maximum ratio of cumulative metal area to the thin active poly gate area(with
effective diode) is Ratio Equation.(diode area * 7800 + 55000)

OUTLAYER NET AREA RATIO GT $metal_list TM2_DIO GATE_CORE > 5000 ACCUMULATE TAC_CORE \
[ AREA(TM2) /AREA(GATE_CORE) -(AREA(TM2_DIO)*7800 + !!AREA(TM2_DIO)*50000) \]
OUTLAYER RDB ANT_TM2_thin.rep $metal_list TM2_DIO GATE_CORE
}

RULECHECK ANT_TM2_thick {
@ The maximum ratio of cumulative metal area to the thick active poly gate area(without
effective diode) is 600;
@ The maximum ratio of cumulative metal area to the thick active poly gate area(with effective
diode) is Ratio Equation.(diode area * 7800 + 55000)

OUTLAYER NET AREA RATIO GT $metal_list TM2_DIO GATE_IO > 600 ACCUMULATE TAC_IO \
[ AREA(TM2) /AREA(GATE_IO) -(AREA(TM2_DIO)*7800 + !!AREA(TM2_DIO)*54400) \]
  OUTLAYER RDB ANT_TM2_thick.rep $metal_list TM2_DIO GATE_IO
}
VERBATIM {
#ENDIF
}
}
```

3）calibre.env.set 文件

与 DRC 相同，在丽湖霸下 BX2400 中将天线规则文件的调用定义在 calibre.env.set 文件中，该文件的内容如下所示。

```
export
CALIBRE_DUM_DECK=/eda/libraries/SMIC130nmG/TECH/0.1/runset/dummy/SmicDRL4R_cal013_log
_p1mt7.dmf
export
CALIBRE_DRC_DECK=/home/czl/longxin20240904/pdk/calibre/drc/SMIC_CalDRC_011013LGLLMS_
122533_V1.25_0/SMIC_CalDRC_011013LGLLMS_122533_V1.25_0_DRC/SMIC_CalDRC_011013LGLLMS_
122533_V1.25_0_7_1TM.drc
export
CALIBRE_ANT_DECK=/home/czl/longxin20240904/pdk/calibre/drc/SMIC_CalDRC_011013LGLLMS_
122533_V1.25_0/SMIC_CalDRC_011013LGLLMS_122533_V1.25_0.ant
export
CALIBRE_LVS_DECK=/home/czl/longxin20240904/pdk/calibre/lvs/SMIC_CalLVS_011LGMSRF_
1233_V1.24_3/SMIC_CalLVS_011LGMSRF_1233_V1.24_3.lvs.tmp
```

其中，CALIBRE_ANT_DECK 变量为天线效应规则文件的路径变量。

2. 准备脚本

天线效应检查的参考脚本主要包含以下部分。

1）VERIFICATION.ANT.run.sh 脚本

VERIFICATION.ANT.run.sh 脚本位于 SIGNOFF/VERIFICATION/SCRIPTS 目录下，为天线效

应检查的命令执行脚本，主要用于启动 Calibre 软件并对指定的版图文件进行天线效应检查。该文件的内容如下。

```sh
#!/bin/sh -eux
echo "###Start script VERIFICATION.ANT.run.sh:" `date +"%F %T %s"`
echo "VERIFICATION VERIFICATION.ANT.run.sh started" >> ${G_WORKSPACE}/SIGNOFF/
VERIFICATION/RUN/run_info.rpt

mkdir -p ${G_WORKSPACE}/SIGNOFF/VERIFICATION/ANT
cd       ${G_WORKSPACE}/SIGNOFF/VERIFICATION/ANT
set +x
source ../SCRIPTS/calibre.env.set

/bin/cp -f ../SCRIPTS/calibre.ant.def calibre.ant.def

calibre \
  -gui -drc \
  -runset "calibre.ant.def" \
  -drcLayoutPaths ${G_WORKSPACE}/SIGNOFF/EXPORT/bx1soc_top.merged.gds.gz \
  -drcLayoutPrimary bx1soc_top \
  -drcRunDir ../ANT \
  -batch
/bin/cp -f ant_summary $G_WORKSPACE/SIGNOFF/EXPORT/bx1soc_top_ant_results.rpt
echo "VERIFICATION VERIFICATION.ANT.run.sh reached end of script" >> ${G_WORKSPACE}/
SIGNOFF/VERIFICATION/RUN/run_info.rpt
echo "###End script VERIFICATION.ANT.run.sh:" `date +"%F %T %s"`
```

2）calibre.ant.def 文件

calibre.ant.def 为执行天线效应检查的配置文件，位于 SIGNOFF/VERIFICATION/SCRIPTS 目录下，内容与 DRC 的配置文件基本一致。该文件的内容如下。

```
*drcRulesFile: $CALIBRE_ANT_DECK

*drcResultsFile: bx1soc_top.ant.results
*drcResultsFormat: ASCII

*drcDRCMaxResultsCount: 1000
*drcDRCMaxVertexCount: 4096

*drcSummaryFile: ant_summary

*cmnTranscriptFile: calibreant.log
*cmnRunHostType: localhost
*cmnRunHier: 1
*cmnRunHyper: 1
*cmnRunMT: 1
*cmnNumTurbo: 8
```

3. 执行天线效应检查

天线效应检查的执行步骤与 DRC 的执行步骤一致。首先，进入 SIGNOFF/VERIFICATION/RUN 目录，用 ls 命令列出其中的文件和子目录。

```
[text@iceda RUN]$ pwd
/home/text/test/tmp/longxin20240904/SIGNOFF/VERIFICATION/RUN
[text@iceda RUN]$ ls
run.csh        VERIFICATION.ANT.run.log  VERIFICATION.DRC.run.log
run_info.rpt  VERIFICATION.CDL.run.log  VERIFICATION.LVS.run.log
```

然后，输入 cat run.csh 命令，将 run.csh 文件的内容输出到终端，如下所示。

```
[text@iceda RUN]$ cat run.csh
#!/bin/csh -f

../SCRIPTS/VERIFICATION.DUMMY.run.sh  |& tee ../RUN/VERIFICATION.DUMMY.run.log

../SCRIPTS/VERIFICATION.DRC.run.sh    |& tee ../RUN/VERIFICATION.DRC.run.log

../SCRIPTS/VERIFICATION.ANT.run.sh    |& tee ../RUN/VERIFICATION.ANT.run.log

../SCRIPTS/VERIFICATION.CDL.run.sh    |& tee ../RUN/VERIFICATION.CDL.run.log

../SCRIPTS/VERIFICATION.LVS.run.sh    |& tee ../RUN/VERIFICATION.LVS.run.log
```

将 "../SCRIPTS/VERIFICATION.ANT.run.sh |& tee ../RUN/VERIFICATION.ANT.run.log" 复制到命令行中，按 Enter 键，启动 Calibre 并执行天线效应检查，如图 6-16 所示。

```
[czl@iceda RUN]$ ../SCRIPTS/VERIFICATION.ANT.run.sh    |& tee ../RUN/VERIFICATION.ANT.run.log
++ date '+%F %T %s'
+ echo '###Start script VERIFICATION.ANT.run.sh:' 2025-02-24 22:40:36 1740454836
###Start script VERIFICATION.ANT.run.sh: 2025-02-24 22:40:36 1740454836
+ echo 'VERIFICATION VERIFICATION.ANT.run.sh started'
+ mkdir -p /home/czl/longxin20240904/SIGNOFF/VERIFICATION/ANT
+ cd /home/czl/longxin20240904/SIGNOFF/VERIFICATION/ANT
+ set +x
//  Calibre Interactive - DRC  v2020.4_23.14    Thu Nov 5 14:55:16 PST 2020
//
//                    Copyright Siemens 1996-2020
//                      All Rights Reserved.
//   THIS WORK CONTAINS TRADE SECRET AND PROPRIETARY INFORMATION
//      WHICH IS THE PROPERTY OF MENTOR GRAPHICS CORPORATION
//        OR ITS LICENSORS AND IS SUBJECT TO LICENSE TERMS.
//
// The registered trademark Linux is used pursuant to a sublicense from LMI, the
// exclusive licensee of Linus Torvalds, owner of the mark on a world-wide basis.
//
// Mentor Graphics software executing under x86-64 Linux
//
// Running on Linux iceda 3.10.0-1160.el7.x86_64 #1 SMP Mon Oct 19 16:18:59 UTC 2020 x86_64
// 64 bit virtual addressing enabled
//
// Starting time: Mon Feb 24 22:40:36 2025
```

图 6-16 执行天线效应检查

之后等待 Calibre 运行并生成日志。完成后，查看天线效应检查的结果。

4. 查看输出文件

天线效应检查的输出文件主要包含 DB 格式的 ANT 报告 bx1soc_top.ant.results 和文本报告 bx1soc_top.ant.results.rpx。

bx1soc_top.ant.results 报告位于 SIGNOFF/VERIFICATION/DRC 目录下。使用 ls 命令列出该目录中的文件和子目录。可以看到 bx1soc_top.ant.results 文件。

```
[text@iceda ANT]$ pwd
/home/text/test/tmp/longxin20240904/SIGNOFF/VERIFICATION/ANT
[text@iceda ANT]$ ls
ANT_CT.rep         ANT_M6_thin.rep
ANT_GT_CORE.rep    ANT_M7_thick.rep
ANT_GT_IO.rep      ANT_M7_thin.rep
ANT_GT_V1.rep      ant_summary
ANT_M1_thick.rep   ANT_TM2_thick.rep
ANT_M1_thin.rep    ANT_TM2_thin.rep
ANT_M2_thick.rep   ANT_TV2.rep
```

```
ANT_M2_thin.rep    ANT_V2.rep
ANT_M3_thick.rep   ANT_V3.rep
ANT_M3_thin.rep    ANT_V4.rep
ANT_M4_thick.rep   ANT_V5.rep
ANT_M4_thin.rep    ANT_V6.rep
ANT_M5_thick.rep   bx1soc_top.ant.results
ANT_M5_thin.rep    calibre.ant.def
ANT_M6_thick.rep   _SMIC_CalDRC_011013LGLLMS_122533_V1.25_0.ant_
```

　　天线效应检查的 DB 格式报告的查看方式与 DRC 的 DB 格式报告的查看方式相同，此处不再重复说明。

　　天线效应检查的结果也会以可读报告的格式输出在 SIGNOFF/EXPORT 目录下。使用 vi 命令打开 bx1soc_top_ant_results.rpt。其内容如下所示，部分内容省略。

```
================================================================================
=== CALIBRE::DRC-H SUMMARY REPORT
===
Execution Date/Time:       Tue Jan 21 07:07:16 2025
Calibre Version:           v2020.4_23.14    Thu Nov 5 14:55:16 PST 2020
Rule File Pathname:        /home/czl/longxin20240904/SIGNOFF/VERIFICATION/ANT/../ANT/
_SMIC_CalDRC_ 011013LGLLMS_122533_V1.25_0.ant_
Rule File Title:
Layout System:             GDS
Layout Path(s):            /home/czl/longxin20240904/SIGNOFF/EXPORT/bx1soc_top.merged.gds.gz
Layout Primary Cell:       bx1soc_top
Current Directory:         /home/czl/longxin20240904/SIGNOFF/VERIFICATION/ANT
User Name:                 czl
Maximum Results/RuleCheck: 1000
Maximum Result Vertices:   4096
DRC Results Database:      bx1soc_top.ant.results (ASCII)
Layout Depth:              ALL
Text Depth:                PRIMARY
Summary Report File:       ant_summary (REPLACE)
Geometry Flagging:         ACUTE = NO  SKEW = NO  ANGLED = NO  OFFGRID = NO
                           NONSIMPLE POLYGON = NO  NONSIMPLE PATH = NO
Excluded Cells:
CheckText Mapping:         COMMENT TEXT + RULE FILE INFORMATION
Layers:                    MEMORY-BASED
Keep Empty Checks:         YES
--------------------------------------------------------------------------
--- RUNTIME WARNINGS
---
--------------------------------------------------------------------------
--- ORIGINAL LAYER STATISTICS
---
LAYER AAi ....... TOTAL Original Geometry Count = 4906    (2077283)
LAYER GTi ....... TOTAL Original Geometry Count = 4462    (2638977)
LAYER M1SLOT .... TOTAL Original Geometry Count = 0       (0)
...
RULECHECK ANT_TM2_thin .... TOTAL Result Count = 0 (0)
RULECHECK ANT_TM2_thick ... TOTAL Result Count = 0 (0)
--------------------------------------------------------------------------
--- RULECHECK RESULTS STATISTICS (BY CELL)
---
--------------------------------------------------------------------------
--- SUMMARY
---
TOTAL CPU Time:                  309
TOTAL REAL Time:                 66
TOTAL Original Layer Geometries: 10870118 (59056775)
```

```
TOTAL DRC RuleChecks Executed:     26
TOTAL DRC Results Generated:       0 (0)
```

6.6.3 LVS

LVS 用于检测版图文件与原理图文件所描述的元器件与链接关系的一致性。

1. CDL 转换

在进行 LVS 流程前，需要先准备用于比较的 CDL 格式的网表文件，将布局布线工具输出的包含电源地连接的网表（bx1soc_top.pg.v）转换为 LVS 使用的 SPICE 网表（CDL）。

执行 CDL 转换的脚本为 VERIFICATION.CDL.run.sh，该脚本主要包含启动 Calibre 的 v2lvs 命令，并设置输入文件为 bx1soc_top.pg.v 网表，将.v 网表转换为 CDL，输出 EXPORT/bx1soc_top.cdl 文件和用于协助 LVS 层次化验证的 EXPORT/bx1soc_top.hcell 文件。该脚本的内容如下。

```sh
#!/bin/sh -eux
echo "###Start script VERIFICATION.CDL.run.sh:" `date +"%F %T %s"`
echo "VERIFICATION VERIFICATION.CDL.run.sh started" >> ${G_WORKSPACE}/SIGNOFF/
VERIFICATION/RUN/run_info.rpt

mkdir -p ${G_WORKSPACE}/SIGNOFF/VERIFICATION/CDL
cd ${G_WORKSPACE}/SIGNOFF/VERIFICATION/CDL

set +x

/bin/cp -f ../SCRIPTS/calibre.v2lvs.cmd  calibre.v2lvs.cmd

v2lvs -v ../../IMPORT/bx1soc_top.pg.v -tcl calibre.v2lvs.cmd -log v2lvs.log

/bin/mv -f hcell.tmp $G_WORKSPACE/SIGNOFF/EXPORT/bx1soc_top.hcell

echo "VERIFICATION VERIFICATION.CDL.run.sh reached end of script" >> ${G_WORKSPACE}/
SIGNOFF/VERIFICATION/RUN/run_info.rpt
echo "###End script VERIFICATION.CDL.run.sh:" `date +"%F %T %s"`
```

CDL 转换还需要用到 calibre.v2lvs.cmd 文件。在该文件中，指定所有子电路的 CDL 文件路径（修改 load_spice 命令中文件的指向）。该文件的内容如下。

```
set fileId [ open hcell.tmp w]

set modlist [ v2lvs::find_module -undef_mod ]

foreach cell $modlist {
    puts $fileId "$cell $cell"
}

close $fileId

v2lvs::combine_interface_info -enable
v2lvs::override_globals -supply0 Dummy_gnd -supply1 Dummy_vdd -default_not_connected
-use_local_supply

v2lvs::load_spice -range_mode -filename /home/czl/longxin20240904/pdk/20241008_180257
/ SCC013UG_HD_RVT_V0p1/cdl/SCC013UG_HD_RVT_v0p1.cdl -detect_bus_delimiter

v2lvs::load_spice -range_mode -filename /home/czl/longxin20240904/pdk/20241008_180156
/ SP013D3_V1p7/lvs/SP013D3_V1p7.sp -detect_bus_delimiter
```

```
v2lvs::load_spice -range_mode -filename /home/czl/longxin20240904/pdk/20241008_180156
/ S013PLLFN_V1.5.2/cdl_tmp/S013PLLFN_V1.5.2.sp.tmp -detect_bus_delimiter

v2lvs::load_spice -range_mode -filename /home/czl/longxin20240904/pdk/20241008_180257
/ S013LLLPSP/v0p2_CDK/ramtmp/20250121/ram_rf1shd_256x22/ram_rf1shd_256x22.cdl -detect
_bus_delimiter

v2lvs::load_spice -range_mode -filename /home/czl/longxin20240904/pdk/20241008_180257
/ S013LLLPSP/v0p2_CDK/ramtmp/20250121/ram_rf1shd_wm_256x32/ram_rf1shd_wm_256x32.cdl -
detect_bus_delimiter

v2lvs::load_spice -range_mode -filename /home/czl/longxin20240904/pdk/20241008_180257
/ S013LLLPSP/v0p2_CDK/ramtmp/20250121/ram_rf1shd_256x32/ram_rf1shd_256x32.cdl -detect
_bus_delimiter

v2lvs::load_spice -range_mode -filename /home/czl/longxin20240904/pdk/20241008_180257
/ S013LLLPDP/v0p2_CDK/ramtmp/20250121/ram_rf2shd_512x32/ram_rf2shd_512x32.cdl -detect
_bus_delimiter

v2lvs::add_formal_port -port VDD33
v2lvs::add_formal_port -port FP

v2lvs::add_actual_port -module bx1soc_top -group {PVSS3 PVDD1 PVDD2 PB8 PO8 PI PIU PX3
PBU8                                     } -connect_formal_actual {FP    FP}
v2lvs::add_actual_port -module bx1soc_top -group {      PVDD1 PVDD2 PB8 PO8 PI PIU PX3
PBU8                                     } -connect_formal_actual {VDD   VDD}
v2lvs::add_actual_port -module bx1soc_top -group {PVSS3       PVDD2 PB8 PO8 PI PIU PX3 PBU8
PVDD1CE                                  } -connect_formal_actual {VSS   VSS}
v2lvs::add_actual_port -module bx1soc_top -group {      PVDD1 PVDD2 PB8 PO8 PI PIU PX3 PBU8
PVDD1CE PVSS1CANP PVDD1CANP PVSS1ANP PVDD1ANP} -connect_formal_actual {VSSD VSS}
v2lvs::add_actual_port -module bx1soc_top -group {PVSS3 PVDD1 PVDD2 PB8 PO8 PI PIU PX3
PBU8         PVSS1CANP PVDD1CANP PVSS1ANP PVDD1ANP} -connect_formal_actual {VDD33 VDD33}

v2lvs::write_output -filename ../../EXPORT/bx1soc_top.cdl
exit
```

准备好以上文件后，进入 SIGNOFF/VERIFICATION/RUN 目录，用 ls 命令列出其中的文件和子目录。

```
[text@iceda RUN]$ pwd
/home/text/test/tmp/longxin20240904/SIGNOFF/VERIFICATION/RUN
[text@iceda RUN]$ ls
run.csh        VERIFICATION.ANT.run.log   VERIFICATION.DRC.run.log
run_info.rpt   VERIFICATION.CDL.run.log   VERIFICATION.LVS.run.log
```

输入 cat run.csh 命令，将 run.csh 文件的内容输出到终端。

```
[text@iceda RUN]$ cat run.csh
#!/bin/csh -f

../SCRIPTS/VERIFICATION.DUMMY.run.sh |& tee ../RUN/VERIFICATION.DUMMY.run.log

../SCRIPTS/VERIFICATION.DRC.run.sh   |& tee ../RUN/VERIFICATION.DRC.run.log

../SCRIPTS/VERIFICATION.ANT.run.sh   |& tee ../RUN/VERIFICATION.ANT.run.log

../SCRIPTS/VERIFICATION.CDL.run.sh   |& tee ../RUN/VERIFICATION.CDL.run.log

../SCRIPTS/VERIFICATION.LVS.run.sh   |& tee ../RUN/VERIFICATION.LVS.run.log
```

将 "../SCRIPTS/VERIFICATION.CDL.run.sh |& tee ../RUN/VERIFICATION.CDL.run. log"复制到命令行中，按 Enter 键，执行 CDL 的转换。完成后，使用 ll 命令列出 SIGNOFF/EXPORT 目录中文件的详细信息。

```
[text@iceda VERIFICATION]$ cd ../EXPORT/
[text@iceda EXPORT]$ ll
total 122372
-rw-rw-r-- 1 text text     5579 Jan 21 07:08 bx1soc_top_ant_results.rpt
-rw-rw-r-- 1 text text 36421789 Jan 22 01:25 bx1soc_top.cdl
-rw-rw-r-- 1 text text    49159 Feb 24 02:39 bx1soc_top_drc_results.rpt
-rw-rw-r-- 1 text text     5590 Jan 22 01:25 bx1soc_top.hcell
-rw-rw-r-- 1 text text 59640887 Feb 18 04:37 bx1soc_top.merged.gds.gz
-rw-rw-r-- 1 text text 29171619 Feb 25 22:35 bx1soc_top.sp
```

2. 准备输入文件

bx1soc_top.merged.gds.gz 是丽湖霸下 BX2400 LVS 中的版图文件，位于 SIGNOFF/EXPORT 目录下。

bx1soc_top.cdl 是丽湖霸下 BX2400 LVS 中的网表文件，由 CDL 转换输出。该文件同样位于 SIGNOFF/EXPORT 目录下，其部分内容如下。

```
$ Spice netlist generated by v2lvs
$ v2020.4_23.14    Thu Nov 5 14:55:08 PST 2020
*.BUSDELIMITER [

.SUBCKT bx1soc_SNPS_CLOCK_GATE_HIGH_bx1soc_ljtag_ibp_one_entry_3_4_0 CLK EN
+ ENCLK TE VDD VSS
XUpsyFE_OFC53386_N24 BUFHDV2 $PINS I=EN Z=FE_OFN54765_N24 VSS=VSS VPW=VSS
+ VNW=VDD VDD=VDD
Xlatch CLKLANQHDV8 $PINS CK=CLK E=FE_OFN54765_N24 Q=ENCLK TE=TE VSS=VSS VPW=VSS
+ VNW=VDD VDD=VDD
.ENDS
...
```

层次化描述文件用于简化原理图和版图的层次，提高 Calibre 的性能，缩短 LVS 所需要的时间。丽湖霸下 BX2400 的层次化描述文件 bx1soc_top.hcell 在转换 CDL 时输出，位于 SIGNOFF/EXPORT 目录下。

bx1soc_top_gds_labels.txt 文件用于给所有的信号或电源地端口的名称/坐标/金属指定编号，在布局布线步骤中输出在 WORK/outputs 目录下，需要手动复制到 SIGNOFF/IMPORT 目录下或链接到 SIGNOFF/IMPORT 目录。

lvs.filter 是自定义的 Calibre 命令文件，用于指定填充单元、去耦电容和黑盒单元，位于 SIGNOFF/VERIFICATION/SCRIPTS 目录下。

3. 准备脚本

VERIFICATION.LVS.run.sh 脚本位于 SIGNOFF/VERIFICATION/SCRIPTS 目录下，为 LVS 的命令执行脚本，主要用于启动 Calibre 软件并对版图与原理图进行一致性检查。该文件的内容如下。

```
#!/bin/sh -eux

echo "###Start script VERIFICATION.LVS.run.sh:" `date +"%F %T %s"`
echo "VERIFICATION VERIFICATION.LVS.run.sh started" >> ${G_WORKSPACE}/SIGNOFF/
```

```
VERIFICATION/RUN/run_info.rpt

mkdir -p ${G_WORKSPACE}/SIGNOFF/VERIFICATION/LVS
cd        ${G_WORKSPACE}/SIGNOFF/VERIFICATION/LVS

source ../SCRIPTS/calibre.env.set

/bin/cp -f ../SCRIPTS/calibre.lvs.def calibre.lvs.def
/bin/cp -f ../SCRIPTS/lvs.filter lvs.filter

calibre \
  -gui \
  -lvs \
  -batch \
  -runset "calibre.lvs.def" \
  -lvsLayoutPaths "$G_WORKSPACE/SIGNOFF/EXPORT/bx1soc_top.merged.gds.gz" \
  -lvsLayoutPrimary "bx1soc_top" \
  -lvsSourcePath "$G_WORKSPACE/SIGNOFF/VERIFICATION/SCRIPTS/calibre.config.cdl" \
  -lvsSourcePrimary "bx1soc_top" \
  -lvsRunDir ../LVS \
  -lvsAutoMatch 0 \
  -lvsRunWhat LVN \
  -cmnVConnectColon 1 \
  -lvsUseHCells 1 -lvsHCellsFile $G_WORKSPACE/SIGNOFF/EXPORT/bx1soc_top.hcell \
  -lvsIncludeFiles $G_WORKSPACE/SIGNOFF/IMPORT/bx1soc_top.gdslabels.txt ../LVS/lvs.
  filter \
  -lvsSpiceFile $G_WORKSPACE/SIGNOFF/EXPORT/bx1soc_top.sp \
  -lvsAbortOnSoftchk 0 \
  -lvsAbortOnSupplyError 0 \
  -lvsIsolateShorts 1 \
  -lvsIsolateShortsByLayer 1 \
  -lvsIsolateShortsByCell 1
echo "VERIFICATION VERIFICATION.LVS.run.sh reached end of script" >> ${G_WORKSPACE}/
SIGNOFF/VERIFICATION/ RUN/run_info.rpt
echo "###End script VERIFICATION.LVS.run.sh:" `date +"%F %T %s"`
```

　　calibre.lvs.def 为执行 LVS 的配置文件，位于 SIGNOFF/VERIFICATION/SCRIPTS 目录下，该文件指定 lvsRulesFile、输入文件格式等，无须修改。该文件的内容如下。

```
*lvsRulesFile: $CALIBRE_LVS_DECK

*lvsReportFile: bx1soc_top.lvs.report
*lvsMaskDBFile: bx1soc_top.mask.db

*lvsReportMaximumCount: 1000
*lvsRecognizeGates: NONE

*lvsRunERC: 0

*lvsDeviceFilterOptionsEnabled: 0

*cmnRunHostType: localhost
*cmnRunHier: 1
*cmnRunHyper: 1
*cmnRunMT: 1
*cmnNumTurbo: 8
```

　　calibre.config.cdl 文件指定所有库单元和顶层的 CDL 文件（需要用户修改库单元 CDL 指向的路径），位于 SIGNOFF/VERIFICATION/SCRIPTS 目录下。顶层的 CDL 文件默认为 EXPORT/bx1soc_top.cdl。该文件的内容如下。

```
.include /home/czl/longxin20240904/pdk/20241008_180257/SCC013UG_HD_RVT_V0p1/cdl/SCC01
3UG_HD_RVT_v0p1.cdl.tmp
.include /home/czl/longxin20240904/pdk/20241008_180156/SP013D3_V1p7/lvs/SP013D3_V1p7.sp
.include /home/czl/longxin20240904/pdk/20241008_180156/S013PLLFN_V1.5.2/cdl_tmp/S013P
LLFN_V1.5.2.sp.tmp
.include /home/czl/longxin20240904/pdk/20241008_180257/S013LLLPSP/v0p2_CDK/ramtmp/202
50121/ram_rf1shd_256x22/ram_rf1shd_256x22.cdl
.include /home/czl/longxin20240904/pdk/20241008_180257/S013LLLPSP/v0p2_CDK/ramtmp/202
50121/ram_rf1shd_wm_256x32/ram_rf1shd_wm_256x32.cdl
.include /home/czl/longxin20240904/pdk/20241008_180257/S013LLLPSP/v0p2_CDK/ramtmp/202
50121/ram_rf1shd_256x32/ram_rf1shd_256x32.cdl
.include /home/czl/longxin20240904/pdk/20241008_180257/S013LLLPDP/v0p2_CDK/ramtmp/202
50121/ram_rf2shd_512x32/ram_rf2shd_512x32.cdl

.include ../../EXPORT/bx1soc_top.cdl
```

4. LVS 的执行

LVS 的执行步骤与 DRC、天线效应检查的执行步骤非常类似。首先，进入 SIGNOFF/VERIFICATION/RUN 目录。

```
[text@iceda RUN]$ pwd
/home/text/test/tmp/longxin20240904/SIGNOFF/VERIFICATION/RUN
[text@iceda RUN]$ ls
run.csh        VERIFICATION.ANT.run.log  VERIFICATION.DRC.run.log
run_info.rpt  VERIFICATION.CDL.run.log  VERIFICATION.LVS.run.log
```

然后，将 run.csh 文件中的 "../SCRIPTS/VERIFICATION.LVS.run.sh |& tee ../RUN/ VERIFICATION.LVS.run.log" 命令复制到命令行中，按 Enter 键，启动 Calibre 并执行 LVS，如图 6-17 所示。

```
[czl@iceda RUN]$ ../SCRIPTS/VERIFICATION.LVS.run.sh   |& tee ../RUN/VERIFICATION.LVS.run.log
++ date '+%F %T %s'
+ echo '###Start script VERIFICATION.LVS.run.sh:' 2025-02-25 22:26:39 1740540399
###Start script VERIFICATION.LVS.run.sh: 2025-02-25 22:26:39 1740540399
+ echo 'VERIFICATION VERIFICATION.LVS.run.sh started'
+ mkdir -p /home/czl/longxin20240904/SIGNOFF/VERIFICATION/LVS
+ cd /home/czl/longxin20240904/SIGNOFF/VERIFICATION/LVS
+ source ../SCRIPTS/calibre.env.set
++ export CALIBRE_DUM_DECK=/eda/libraries/SMIC130nmG/TECH/0.1/runset/dummy/SmicDRL4R_cal013_log_p1mt7.dmf
++ CALIBRE_DUM_DECK=/eda/libraries/SMIC130nmG/TECH/0.1/runset/dummy/SmicDRL4R_cal013_log_p1mt7.dmf
```

图 6-17 执行 LVS

等待 Calibre 运行并生成日志。完成后，查看 LVS 验证的结果。

5. 查看输出文件

LVS 的输出文件是 DB 格式的 svdb 文件，该文件在 SIGNOFF/VERIFICATION/LVS 目录下。使用 ls 命令列出该目录中的文件和子目录之后，可以看到 svdb 文件。

```
[text@iceda LVS]$ pwd
/home/text/test/tmp/longxin20240904/SIGNOFF/VERIFICATION/LVS
[text@iceda LVS]$ ls
bx1soc_top.lvs.report
bx1soc_top.lvs.report.ext
bx1soc_top.lvs.report.shorts
calibre.bat.62c45bc87eada
calibre.bat.62f0324750cfc
CalibreHDBLog.iceda.22013.1737620582
CalibreHDBLog.iceda.22014.1737620582
CalibreHDBLog.iceda.22015.1737620582
CalibreHDBLog.iceda.22016.1737620582
```

```
calibre.lvs.def
erc.rep
lvs.filter
_SMIC_CalLVS_011LGMSRF_1233_V1.24_3.lvs_
_SMIC_CalLVS_011LGMSRF_1233_V1.24_3.lvs.tmp_
svdb
```

svdb 文件的查看方式可参照 DRC 中 DB 格式的 DRC 报告的查看方式。在 Calibre RVE V2020.4_23.14 窗口中，在 Database 选项组中，选择 LVS 目录下的 svdb 文件，在 Database Type 选项组中，单击 LVS 单选按钮，如图 6-18 所示。

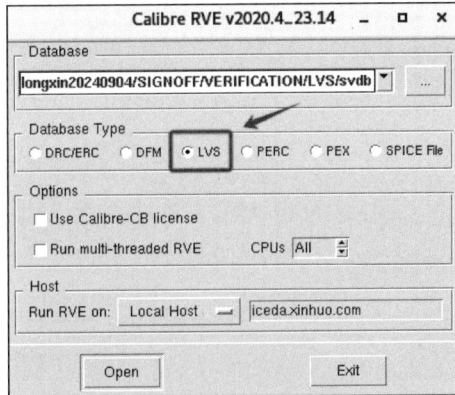

图 6-18　单击 LVS 单选按钮

单击 Open 按钮，即可打开 LVS 报告，如图 6-19 所示。

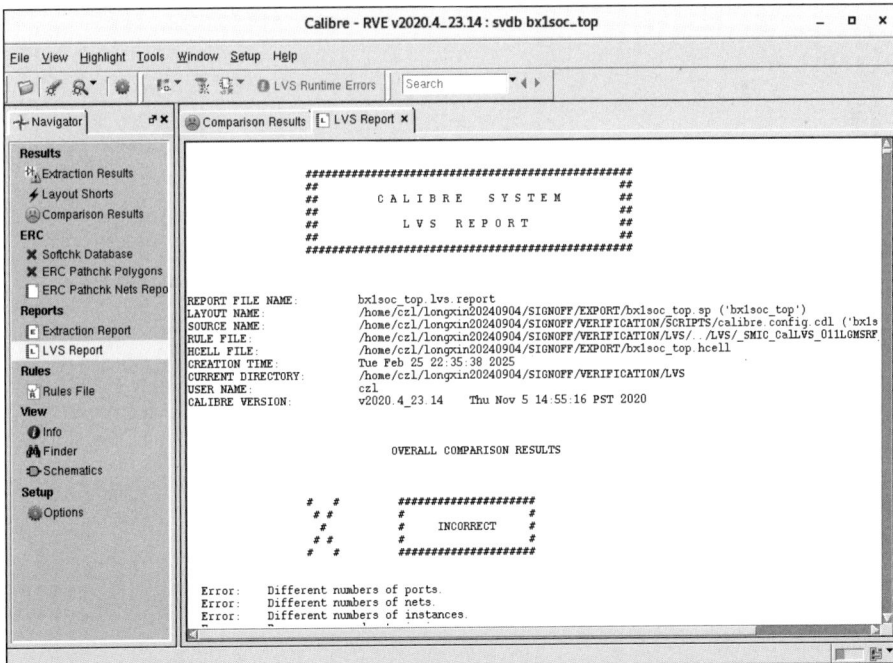

图 6-19　LVS 报告

LVS 报告也会以可读报告的格式输出在 LVS 目录下。bx1soc_top.lvs.report 的内容如下所示，部分内容省略。

```
##################################################
##                                              ##
##        C A L I B R E    S Y S T E M          ##
##                                              ##
##           L V S    R E P O R T               ##
##                                              ##
##################################################
```

REPORT FILE NAME: bx1soc_top.lvs.report
LAYOUT NAME: /home/czl/longxin20240904/SIGNOFF/EXPORT/bx1soc_top.sp ('bx1soc
_top')
SOURCE NAME: /home/czl/longxin20240904/SIGNOFF/VERIFICATION/SCRIPTS/cali
bre.config.cdl ('bx1soc_top')
RULE FILE: /home/czl/longxin20240904/SIGNOFF/VERIFICATION/LVS/../LVS/
_SMIC_CalLVS_011LGMSRF_1233_V1.24_3.lvs.tmp_
HCELL FILE: /home/czl/longxin20240904/SIGNOFF/EXPORT/bx1soc_top.hcell
CREATION TIME: Thu Jan 23 04:08:15 2025
CURRENT DIRECTORY: /home/czl/longxin20240904/SIGNOFF/VERIFICATION/LVS
USER NAME: czl
CALIBRE VERSION: v2020.4_23.14   Thu Nov 5 14:55:16 PST 2020
...

****
                                    SUMMARY
****

Total CPU Time: 14 sec
Total Elapsed Time: 15 sec
```
```

附　　录

地址空间划分

第一级 AXI 地址分配如表 A-1 所示。

表 A-1　　　　　　　　　　　　　　第一级 AXI 地址分配

地址空间	设备	说明
0x0000_0000～0x0FFF_FFFF	SDRAM	256 MB，可缓存，可取指
0x1C00_0000～0x1CFF_FFFF	AXI_MUX	不可缓存，可取指
0x1D00_0000～0x1DFF_FFFF	AXI_MUX	不可缓存
0x1F00_0000～0x1FFF_FFFF	AXI_MUX	不可缓存

注意，未分配地址或者不合规访问将归入 SDRAM。

AXI_Subsys 地址分配如表 A-2 所示。

表 A-2　　　　　　　　　　　　　　AXI_Subsys 地址分配

地址空间	设备	说明
0x1FE0_0000～0x1FE0_FFFF	HPI	主机端口接口（Host Port Interface，HPI）地址空间
0x1FE1_0000～0x1FE1_FFFF	MAC	网络 MAC 地址空间
0x1FE4_0000～0x1FE4_FFFF	APB	高级外围总线（Advanced Peripheral Bus，APB）地址空间
0x1C00_0000～0x1CFF_FFFF	APB/SPI	由 BOOT_SEL 控制，如果拨上，SDIO 启动；如果拨下，SPI 启动
0x1D00_0000～0x1DFF_FFFF	SPI-memory	串行外围接口（Serial Peripheral Interface，SPI）内存地址空间，大小是 8 MB
0x1FE8_0000～0x1FEB_FFFF	SPI-IO	SPI 的 IO 地址空间
0x1FD0_0000～0x1FDF_FFFF	confreg	可系统配置的寄存器模块 confreg 地址空间

注意，未分配地址将归入 confreg 或者 SPI 内存。HPI 在本书的项目中未使用。

APB 地址分配如表 A-3 所示。

表 A-3　　　　　　　　　　　　　　APB 地址分配

地址空间	设备	说明
0x1FE4_0000～0x1FE4_3FFF	UART0	—
0x1FE4_4000～0x1FE4_7FFF	UART1	—

续表

地址空间	设备	说明
0x1FE4_8000～0x1FE4_BFFF	UART2	—
0x1FE4_C000～0x1FE4_FFFF	UART3	—
0x1FE5_8000～0x1FE5_BFFF	I2C0	—
0x1FE5_C000～0x1FE5_C00F	PWM0	—
0x1FE5_C010～0x1FE5_C01F	PWM1	—
0x1FE5_C020～0x1FE5_C02F	PWM2	—
0x1FE5_C030～0x1FE5_C03F	PWM3	—
0x1FE5_C040～0x1FE5_C04F	PWM4	—
0x1FE5_C050～0x1FE5_C05F	PWM5	—
0x1FE5_C060～0x1FE5_C06F	PWM6	—
0x1FE5_C070～0x1FE5_C07F	PWM7	—
0x1FE5_C080～0x1FE5_C08F	PWM8	—
0x1FE5_C090～0x1FE5_C09F	PWM9	—
0x1FE5_C0A0～0x1FE5_C0AF	watch dog	—
0x1FE6_8000～0x1FE6_BFFF	I2C1	—
0x1FE6_C000～0x1FE6_FFFF	SDIO	—
0x1FE7_0000～0x1FE7_3FFF	I2C2	—
0x1FE7_4000～0x1FE7_7FFF	I2C3	—
0x1C00_0000～0x1C00_3FFF	SDIO-bootram	1 KB，在选择 SDIO 启动时，可访问
0x1FE7_C000～0x1FE7_FFFF	hcntr	高精度时钟

注意，未分配的 APB 将归入 SDIO-bootram 的 APB 寻址空间，当选择 SPI 启动时，也可访问。

A2　中断定义

第一组中断寄存器（映射至 CPU IS[2]）如表 A-4 所示。

表 A-4　　　　　　　　第一组中断寄存器（映射至 CPU IS[2]）

寄存器名称	地址	复位值	说明
INT0_SR	0x1FD0_1040	0	中断状态寄存器，若为 1，表示该位对应的设备产生中断
INT0_EN	0x1FD0_1044	0	中断使能寄存器，若为 1，表示使能该位对应设备中断
INT0_SET	0x1FD0_1048	0	中断置位寄存器，若为 1，表示中断置位（针对边沿触发的中断）
INT0_CLR	0x1FD0_104C	0	中断清零寄存器，若为 1，表示中断清零（针对边沿触发的中断）
INT0_POL	0x1FD0_1050	0	中断极性选择寄存器，当 int0_edge 配置成电平触发时，若为 1，表示高电平触发中断；若为 0，表示低电平触发中断；当 int0_edge 配置成边沿触发时，若为 1，表示上升沿触发中断；若为 0，表示下降沿触发中断
INT0_EDGE	0x1FD0_1054	0	中断边沿选择寄存器，若为 1，表示边沿触发中断；若为 0，表示电平触发中断

各个寄存器的 32 位对应不同的设备中断。第一组中断映射表如表 A-5 所示。

表 A-5　　　　　　　　　　　　　　　　第一组中断映射表

域名	位	复位值	说明
SDIO_INT	第 31 位	0	SDIO 中断状态位
PWM_INT	第 29~22 位	0	对应 8 路 PWM 中断状态位
HCNTR_INT	第 21 位	0	高精度时钟中断状态位
DMA2_INT	第 15 位	0	DMA2 中断状态位
DMA1_INT	第 14 位	0	DMA1 中断状态位
DMA0_INT	第 13 位	0	DMA0 中断状态位
SPI_INT	第 8 位	0	SPI 中断状态位
UART3_INT	第 3 位	0	UART3 中断状态位
UART2_INT	第 2 位	0	UART2 中断状态位
UART1_INT	第 1 位	0	UART1 中断状态位
UART0_INT	第 0 位	0	UART0 中断状态位

第二组中断寄存器（映射至 CPU IS[3]）如表 A-6 所示。

表 A-6　　　　　　　　　　　　　　　　第二组中断寄存器

寄存器名称	地址	复位值
INT1_SR	0x1FD0_1058	0
INT1_EN	0x1FD0_105C	0
INT_SET	0x1FD0_1060	0
INT_CLR	0x1FD0_1064	0
INT_POL	0x1FD0_1068	0
INT_EDGE	0x1FD0_106C	0

各个寄存器的 32 位对应不同的设备中断，第二组中断映射表如表 A-7 所示。

表 A-7　　　　　　　　　　　　　　　　第二组中断映射表

域名	位	复位值	说明
I2C3_INT	16	0	I2C3 中断状态位
I2C2_INT	15	0	I2C2 中断状态位
I2C1_INT	14	0	I2C1 中断状态位
I2C0_INT	13	0	I2C0 中断状态位
MAC_INT	3	0	MAC 中断状态位
HPI_INT	2	0	高优先级中断状态位

A3　接口

时钟、复位和控制接口的信号如表 A-8 所示。

表 A-8 时钟、复位和控制接口的信号

信号名称	类型	说明
SYS_RESETn	I	系统复位信号，低电平有效
XTALI	I	晶振时钟输入
XTALO	O	系统时钟输出（仅适用于 FPGA）
BOOT_SEL	I	BOOT 选择信号，高电平表示 SDIO 启动，低电平表示 SPI 启动

SDRAM 接口的信号如表 A-9 所示。

表 A-9 SDRAM 接口的信号

信号名称	类型	说明
SD_DQ[31:0]	I/O	SDRAM 数据信号
SD_DQM[3:0]	O	SDRAM 数据屏蔽信号
SD_A[12:0]	O	SDRAM 地址信号
SD_BA[1:0]	O	SDRAM 的存储单元（Bank）选择信号，一共有 4 个存储单元
SD_CS0	O	SDRAM 片选信号 0，低电平有效
SD_CS1	O	SDRAM 片选信号 1，低电平有效
SD_CK	O	SDRAM 时钟信号
SD_CKE	O	SDRAM 时钟使能信号
SD_RASn	O	SDRAM 行选通信号，低电平有效
SD_CASn	O	SDRAM 列选通信号，低电平有效
SD_WEn	O	SDRAM 读写信号，低电平表示写

MAC 接口的信号如表 A-10 所示。

表 A-10 MAC 接口的信号

信号名称	类型	说明
MAC_TXC	O	MII 发送时钟
MAC_TXEN	O	MII 发送控制
MAC_TX[3:0]	O	MII 发送数据
MAC_TXERR	I	MII 发送错误
MAC_RXC	I	MII 接收时钟
MAC_RXDV	I	MII 接收控制
MAC_RX[3:0]	I	MII 接收数据
MAC_RXERR	I	MII 接收错误
MAC_COL	I	MAC 冲突检测
MAC_CRS	I	MAC 载波侦测
MAC_MDC	O	SMA 接口时钟
MAC_MDIO	I/O	SMA 接口数据
MAC_PHY_RSTN	I/O	SMA 复位信号

HPI（Host Port Interface，主机端口接口）的信号如表 A-11 所示。

表 A-11   HPI 的信号

信号名称	类型	说明
HPI_nRESET	O	HPI 复位信号，低电平有效
HPI_INT	I	HPI 中断输入
HPI_nCS	O	HPI 片选信号，低电平有效
HPI_nRD	O	HPI 读使能信号，低电平有效
HPI_nWR	O	HPI 写使能信号，低电平有效
HPI_A[1:0]	O	HPI 地址输出
HPI_D[15:0]	I/O	HPI 数据输入输出

SPI（Serial Peripheral Interface，串行外围接口）的信号如表 A-12 所示。

表 A-12   SPI 的信号

信号名称	类型	说明
SPI_CLK	O	SPI 时钟输出
SPI_CS[3:0]	O	SPI 片选 0～3
SPI_MOSI	I/O	SPI 数据输出
SPI_MISO	I/O	SPI 数据输入

SDIO（Secure Digital Input Output，安全数字输入输出）接口的信号如表 A-13 所示。

表 A-13   SDIO 接口的信号

信号名称	类型	说明
SDIO_CLK	O	SDIO 时钟输出
SDIO_CMD	I/O	SDIO 命令输入输出
SDIO_DAT[3:0]	I/O	SDIO 数据输入输出

UART（Universal Asynchronous Receiver/Transmitter，通用异步收发器）接口的信号如表 A-14 所示。

表 A-14   UART 接口的信号

信号名称	类型	说明
UART0_TXD	O	UART0 数据发送
UART0_RXD	I	UART0 数据接收
UART1_TXD	O	UART1 数据发送
UART1_RXD	I	UART1 数据接收
UART2_TXD	O	UART2 数据发送
UART2_RXD	I	UART2 数据接收
UART3_TXD	O	UART3 数据发送
UART3_RXD	I	UART3 数据接收

I2C 接口的信号如表 A-15 所示。

表 A-15   I2C 接口的信号

信号名称	类型	说明
I2C0_SCL	I/O	I2C0 串行时钟
I2C0_SDA	I/O	I2C0 串行数据
I2C1_SCL	I/O	I2C1 串行时钟
I2C1_SDA	I/O	I2C1 串行数据
I2C2_SCL	I/O	I2C2 串行时钟
I2C2_SDA	I/O	I2C2 串行数据
I2C3_SCL	I/O	I2C3 串行时钟
I2C3_SDA	I/O	I2C3 串行数据

PWM 接口的信号如表 A-16 所示。

表 A-16   PWM 接口的信号

信号名称	类型	说明
PWM0	O	PWM0 脉冲输出
PWM1	O	PWM1 脉冲输出
PWM2	O	PWM2 脉冲输出
PWM3	O	PWM3 脉冲输出
PWM4	O	PWM4 脉冲输出
PWM5	O	PWM5 脉冲输出
PWM6	O	PWM6 脉冲输出
PWM7	O	PWM7 脉冲输出

GPIO（General Purpose Input Output，通用输入输出）接口的信号如表 A-17 所示。

表 A-17   GPIO 接口的信号

信号名称	类型	说明
GPIO[7:0]	I/O	通用输入输出接口